U0174931

中国医学科学院医学实验动物研究所

中国实验动物学会

实验动物科学丛书*21*

丛书总主编　　秦　川

IX 实验动物工具书系列

中国实验动物学会
团体标准汇编及实施指南

（第七卷）

（上册）

秦　川　主编

科学出版社

北京

内 容 简 介

本书收录了由中国实验动物学会实验动物标准化专业委员会和全国实验动物标准化技术委员会（SAC/TC281）联合组织编制的第七批中国实验动物学会团体标准及实施指南，总计 13 项标准及相关实施指南。内容包括实验动物设备相关标准：换笼机（台）；实验动物饲养管理相关标准：SPF 级豚鼠饲养管理规范、SPF 级兔饲养管理规范、无菌小鼠饲养管理指南、SPF 级小型猪培育技术规程、贵州小型猪；实验动物质量控制相关标准：高致病性猪繁殖与呼吸综合征病毒实时荧光定量 PCR 检测方法、猪细小病毒环介导等温扩增（LAMP）检测方法、呼肠孤病毒Ⅲ型反转录-环介导等温扩增（RT-LAMP）检测方法、质量检测样品采集、猴痘病毒核酸检测方法；动物模型评价相关标准：缺血性脑卒中啮齿类动物模型评价规范；生物安全相关标准：动物感染实验个人防护要求。

本书适合实验动物学、医学、生物学、兽医学研究机构和高等院校从事实验动物生产、使用、管理和检测等相关科研、技术和管理人员使用，也可供对实验动物标准化工作感兴趣的相关人员使用。

图书在版编目（CIP）数据

中国实验动物学会团体标准汇编及实施指南. 第七卷：全 2 册 / 秦川主编. —北京：科学出版社，2023.11

（实验动物科学丛书；21）

ISBN 978-7-03-076923-7

Ⅰ. ①中… Ⅱ. ①秦… Ⅲ. ①实验动物学–标准–中国 Ⅳ. ①Q95-65

中国国家版本馆 CIP 数据核字（2023）第 216686 号

责任编辑：罗 静 刘新新 / 责任校对：严 娜
责任印制：肖 兴 / 封面设计：刘新新

科学出版社 出版
北京东黄城根北街 16 号
邮政编码：100717
http://www.sciencep.com

北京中科印刷有限公司 印刷
科学出版社发行 各地新华书店经销

*

2023 年 11 月第 一 版 开本：787×1092 1/16
2023 年 11 月第一次印刷 印张：13 1/4
字数：320 000

定价：168.00 元（上下册）
（如有印装质量问题，我社负责调换）

编委会名单

丛书总主编：秦　川

主　　　编：秦　川

副　主　编：孔　琪

主要编写人员（以姓氏汉语拼音为序）：

孔　琪　中国医学科学院医学实验动物研究所

邝少松　广东省医学实验动物中心

刘　科　广东省医学实验动物中心

孟爱民　中国医学科学院医学实验动物研究所

潘金春　广东省实验动物监测所

秦　川　中国医学科学院医学实验动物研究所

魏　泓　中山大学附属第一医院

吴　佳　中国科学院武汉病毒研究所

吴曙光　贵州中医药大学

向志光　中国医学科学院医学实验动物研究所

周　洁　上海懿尚生物科技有限公司

秘　　　书：

董蕴涵　中国医学科学院医学实验动物研究所

陈　烨　中国实验动物学会实验动物标准化专业委员会

丛 书 序

实验动物科学是一门新兴交叉学科，它集成生物学、兽医学、生物工程、医学、药学、生物医学工程等学科的理论和方法，以实验动物和动物实验技术为研究对象，为相关学科发展提供系统的生物学材料和相关技术。实验动物科学不仅直接关系到人类疾病研究、新药创制、动物疫病防控、环境与食品安全监测和国家生物安全与生物反恐，而且在航天、航海和脑科学研究中也具有特殊的作用与地位。

虽然国内外都出版了一些实验动物领域的专著，但一直缺少一套能够体现学科特色的丛书，来介绍实验动物科学各个分支学科和领域的科学理论、技术体系和研究进展。

为总结实验动物科学发展经验，形成学科体系，我从2012年起就计划编写一套实验动物丛书，以展示实验动物相关研究成果、促进实验动物学科人才培养、助力行业发展。

经过对丛书的规划设计后，我和相关领域内专家一起承担了编写任务。本丛书由我担任总主编，负责总体设计、规划、安排编写任务，并组织相关领域专家，详细整理了实验动物科学领域的新进展、新理论、新技术、新方法。本丛书是读者了解实验动物科学发展现状、理论知识和技术体系的不二选择。根据学科分类、不同职业的从业要求，丛书内容包括9个系列：Ⅰ实验动物管理系列、Ⅱ实验动物资源系列、Ⅲ实验动物基础系列、Ⅳ比较医学系列、Ⅴ实验动物医学系列、Ⅵ实验动物福利系列、Ⅶ实验动物技术系列、Ⅷ实验动物科普系列和Ⅸ实验动物工具书系列。

本丛书在保证科学性的前提下，力求通俗易懂，融知识性与趣味性于一体，全面生动地将实验动物科学知识呈现给读者，是实验动物科学、医学、药学、生物学、兽医学等相关领域从事管理、科研、教学、生产的从业人员和研究生学习实验动物科学知识的理想读物。

丛书总主编　秦　川　教授

中国医学科学院　学部委员

中国实验动物学会　理事长

全国实验动物标准化技术委员会　主任委员

2023年10月

前　言

自20世纪50年代以来，实验动物科学已经在实验动物管理、实验动物资源、实验动物医学、比较医学、实验动物技术、实验动物标准化等方面取得了重要进展，积累了丰富的研究成果，形成了较为完善的学科体系。本书属于"实验动物科学丛书"中实验动物工具书系列，是实验动物标准化工作的一项重要成果。

实验动物科学在中国有近50年的发展历史，在发展过程中有中国特色的科研成果积累、总结和创新。我们根据实际工作经验，结合创新研究成果，建立新型的标准，在标准制定和创新方面作出"中国贡献"，以引领国际标准发展。标准引领实验动物行业规范化、规模化有序发展，是实验动物依法管理和许可证发放的技术依据。标准为实验动物质量检测提供了依据，减少人兽共患病发生。通过对实验动物及相关产品、服务的标准化，可促进行业规范化发展、供需关系良性发展，提高产业核心竞争力，加强国际贸易保护。通过对影响动物实验结果的各因素的规范化，还可保障科学研究和医药研发的可靠性和经济性。

国务院印发的《深化标准化工作改革方案》（国发〔2015〕13号）文件中指出，市场自主制定的标准分为团体标准和企业标准。政府主导制定的标准侧重于保基本，市场自主制定的标准侧重于提高竞争力。团体标准是由社团法人按照团体确立的标准制定程序自主制定发布，由社会自愿采用的标准。

在国家实施标准化战略的大环境下，2015年，中国实验动物学会（CALAS）联合全国实验动物标准化技术委员会（SAC/TC281）被国家标准化管理委员会批准成为全国首批39家团体标准试点单位之一（标委办工一〔2015〕80号），也是中国科学技术协会首批13家团体标准试点学会之一。

本书以实验动物标准化需求为导向，以实验动物国家标准和团体标准配合发展为核心，实施实验动物标准化战略，大力推动实验动物标准体系的建设，制定一批关键性标准，提高我国实验动物标准化水平和应用。进而为创新型国家建设提供国际水平的支撑，促进相关学科产生一系列国际认可的原创科技成果，提高我国的科技创新能力。通过制定实验动物国际标准，提高我国在国际实验动物领域的话语权，为我国生物医药等行业参与国际竞争提供保障。

　　本书收录了中国实验动物学会团体标准第七批13项。为了配合这批标准的理解和使用，我们还以标准编制说明为依据，组织标准起草人编写了相应标准实施指南作为配套。希望各位读者在使用过程中发现不足，为进一步修订实验动物标准，推进实验动物标准化发展进程提出宝贵的意见和建议。

主编　秦　川　教授

中国医学科学院　学部委员

中国实验动物学会　理事长

全国实验动物标准化技术委员会　主任委员

2023年10月

目 录

―――――― 上 册 ――――――

―――――― 下 册 ――――――

ICS 65.020.30

B 44

中国实验动物学会团体标准

T/CALAS 112—2022

实验动物　换笼机（台）

Laboratory animal - Cage exchanging stage

2023-02-01　发布

2023-02-01　实施

中国实验动物学会　发布

前　言

本文件按照 GB/T 1.1—2020《标准化工作导则　第 1 部分：标准化文件的结构和起草规则》的规定起草。

本文件的某些内容可能涉及专利。本文件的发布机构不承担识别专利的责任。

本文件由中国实验动物学会归口。

本文件由全国实验动物标准化技术委员会（SAC/TC281）技术审查。

本文件由中国实验动物学会实验动物标准化专业委员会提出并组织起草。

本文件起草单位：中国医学科学院医学实验动物研究所、山东新华医疗器械股份有限公司、苏州猴皇动物实验设备科技有限公司、泰尼百斯中国有限公司、中国食品药品检定研究院、山东省实验动物中心、河北省实验动物中心、中国医学科学院基础医学研究所、中国建筑科学研究院有限公司、天津市实验动物管理办公室、中国疾病预防控制中心、北京大学、清华大学、厦门大学、中南大学、吉林大学、北京脑科学与类脑研究所。

本文件主要起草人：向志光、卢晨焱、赵国强、王树新、佟伟民、梁磊、耿志宏、卢选成、梁春南、韦玉生、苏金华、刘巍、王可洲、徐增年、周智君、袁宝、常在、魏然、李文龙、王艳蓉、孔琪。

实验动物　换笼机（台）

1　范围

本文件规定了实验动物换笼机（台）原理与结构、技术和性能要求。

本文件适用于实验动物换笼机（台）的设计、检测、验收、使用和管理。

2　规范性引用文件

下列文件对于本文件的应用是必不可少的。凡是注明日期的引用文件，仅注日期的版本适用于本文件。凡是不注日期的引用文件，其最新版本（包括所有的修改单）适用于本文件。

GB 4793.1　　测量、控制和实验室用电气设备的安全要求　第 1 部分：通用要求

GB/T 13554　　高效空气过滤器

3　术语和定义

以下术语和定义适用于本文件。

3.1

换笼机（台）cage exchange station

一种在工作状态下始终保持操作空间内的风速、空气洁净度、噪声、振动、照明等参数稳定的柜式局部空气净化设备。

3.2

洁净度 cleanliness

受控制空间可测量颗粒物水平。

3.3

气流速度 airflow speed

受控制空间某点气体流经该点的空气流速。

3.4

气流走向 airflow direction

受控制空间某点气体流经该点的气流方向。

3.5

风险 risk

造成与预期目标发生偏移的因素。

3.6

风险控制 risk control

对可能出现的风险因素利用多种技术消除和降低风险发生的措施和方法。

3.7

风险评估 risk assessment

根据经验和数据分析对可能出现的风险概率进行测算和评估。

3.8

操作空间 operation space

换笼机（台）供使用人员操作的空间，从送风面至工作面与内部壁板围成的空间。

4 原理与结构

4.1 原理

换笼机（台）提供一个半开放空间，在操作空间内输入稳定的经高效空气过滤器过滤的气流，并在空间内控制气流垂直向下，气流通过工作面定向过滤回收。

4.2 结构

如图 1 所示，换笼机（台）由送风机提供稳定气流，经高效空气过滤器过滤向下方提供垂直下降气流。上方结构有稳定支柱支持；台面与上方结构及附属结构之间的高度为操作窗口高度；下方为操作台面；台面四周有排风风口，将气流导入台下高效空气过滤器；有排风机提供动力，空气经过台下高效空气过滤器滤过排出。整机支持位点设置移动轮，保证电源线长度，以便设备可在房间一定内范围移动。需要时，工作台面高度可自动调节，方便人员操作。

5 技术和性能要求

5.1 基本要求

5.1.1 组成

5.1.1.1 材料

换笼机（台）操作台面、维护结构、支撑结构等材料应能够满足机械强度和刚度要求，保持稳定的性能。所有柜体和装饰材料应能耐正常的磨损，能经受气体、液体、清洁剂、消毒剂及去污操作等的腐蚀。

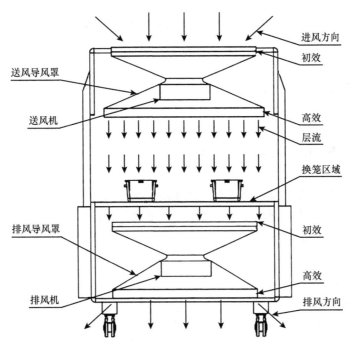

图1 换笼机（台）结构示意图

5.1.1.2 送排风

送排风气流稳定或可调控；可调控气流设备安装及移动后应对气流走向进行调试。送、排风机应采取防震措施。

5.1.1.3 高效空气过滤器

换笼台的高效空气过滤器参考 GB/T 13554 的要求。

5.1.1.4 电机

电机应有热保护装置，并能够在 1.15 倍额定电压值的条件下稳定工作。送风机与排风机应连锁。电气安全应符合 GB 4793.1 的要求。

5.1.1.5 照明设备

照明设备一般满足以下要求：

a）灯具的安装不宜干扰操作区的气流；

b）照明灯的反射光和直射光不应干扰操作者的视线，不刺激动物产生应激反应；

c）操作区如果装有紫外线灯，应有照明和紫外线灯不能同时开启的措施。

5.1.1.6 外观

换笼台结构焊接牢固表面光滑，不应有漏孔、裂缝、焊疤残留等，不应有锐边、毛刺、锈蚀氧化。外表面、操作区侧壁、操作台面应无划伤、外形平整规则。说明文字和图示符号标志应明确清晰、耐腐蚀。

5.1.2 台面尺寸

平台洁净区域平面空间应满足笼盒更换操作需求，同时放置待更换笼盒和新净笼盒，并满足放置其他物品的需要（如长不小于 110 cm，宽不小于 60 cm）。

5.1.3　操作窗口高度

操作窗口高度应满足大鼠笼盒水平出入及操作相对应的高度，一般不低于 30 cm。

5.2　空气洁净度

5.2.1　洁净空间

操作平台四周排风口内区域（或标识区域）为垂直层流区域，即洁净区域。

5.2.2　洁净等级

洁净空间空气洁净度等级应达到 5 级要求。

5.2.3　高效空气过滤器的安装

送风高效空气过滤器和排风高效空气过滤器为保障台内和室内洁净度与污染控制必须组件，应方便更换；操作台面与排风高效空气过滤器间应设置初级过滤装置，防止垫料等对排风高效空气过滤器的阻塞。

5.3　气流速度

气流速度一般满足以下要求：

a）核心区台面上 30 cm 下降风速平均流速应在 0.25 m/s～0.5 m/s；

b）操作空间周围气流屏障下降气流平均流速应在 0.3 m/s～1.5 m/s。

5.4　气流走向

气流走向一般满足以下要求：

a）洁净区域为垂直单向层流；

b）无内入气流；

c）台内气流无外溢。

5.5　噪声

操作台内和操作人员操作位点噪声低于 65 dB。

5.6　照度

操作台内照度不低于 300 lx。

5.7　风机风速变动

为应对过滤器使用过程中可能发生的变化，需要时，换笼台进、排风机可进行调速，但调速后应对气流走向进行测定，满足气流走向的要求。

5.8　压力检测

实验动物换笼机（台）应有压力或流量传感器（表），显示操作空间的气流或压差状态，如出现异常，需报警提示。

5.9 电气安全

5.9.1 电介质强度

网电源与壳体之间应能承受交流电压 1390 V、50 Hz 的正弦波试验电压，历时 5 s 的耐压试验，无闪弧或击穿现象，电晕放电效应和类似现象忽略不计。

5.9.2 对地漏电流

在正常工作状态下，对地漏电流正弦波有效值≤0.5 mA。在单一故障状态下，对地漏电流正弦波有效值≤3.5 mA。

5.9.3 保护接地阻抗

网电源中保护接地点和已保护接地所有可能触及的金属部件之间的阻抗，不宜超过 0.1 Ω。

ICS 65.020.30

B 44

中国实验动物学会团体标准

T/CALAS 113—2022

实验动物 高致病性猪繁殖与呼吸综合征病毒实时荧光定量PCR检测方法

Laboratory animal - Detection of highly pathogenic porcine reproductive and respiratory

syndrome virus by real-time fluorescent quantitative PCR assay

2023-02-01 发布　　　　　　　　　　　　　　2023-02-01 实施

中国实验动物学会　发布

前　　言

本文件按照 GB/T 1.1—2020《标准化工作导则　第 1 部分：标准化文件的结构和起草规则》的规定起草。

本文件中的附录 A 为规范性附录，附录 B 为资料性附录。

本文件的某些内容可能涉及专利。本文件的发布机构不承担识别专利的责任。

本文件由中国实验动物学会归口。

本文件由全国实验动物标准化技术委员会（SAC/TC281）技术审查。

本文件由中国实验动物学会实验动物标准化专业委员会提出并组织起草。

本文件起草单位：上海懿尚生物科技有限公司、哈尔滨国生生物科技股份有限公司、贵州中医药大学、中国农业科学院哈尔滨兽医研究所。

本文件主要起草人：周洁、王牟平、陆涛峰、于海波、陶凌云、尚之寿、李昌文、陈洪岩、刘光磊。

实验动物　高致病性猪繁殖与呼吸综合征病毒实时荧光定量 PCR 检测方法

1　范围

本文件规定了高致病性猪繁殖与呼吸综合征病毒（HP-PRRSV）实时荧光定量 PCR 检测方法原理、主要设备和材料、检测方法和结果判定。

本文件适用于 SPF 级实验动物及其产品、细胞培养物、实验动物环境和动物源生物制品中 HP-PRRSV 的检测。

2　规范性引用文件

下列文件对于本文件的应用是必不可少的。凡是注明日期的引用文件，仅注日期的版本适用于本文件。凡是不注日期的引用文件，其最新版本（包括所有的修改单）适用于本文件。

GB 19489　　　　　实验室　生物安全通用要求
GB/T 25172　　　　猪常温精液生产与保存技术规范
GB/T 39759—2021　实验动物　术语
T/CALAS 25—2017　实验动物　小鼠肝炎病毒 PCR 检测方法

3　术语和定义

GB/T 39759—2021、T/CALAS 25—2017 中术语和定义适用于本文件。

4　缩略语

下列缩略语适用于本文件。

PRRSV　　　　猪繁殖与呼吸综合征病毒（porcine reproductive and respiratory syndrome virus）

HP-PRRSV　　高致病性猪繁殖与呼吸综合征病毒（highly pathogenic porcine reproductive and respiratory syndrome virus）

DEPC　　　　焦碳酸二乙酯（diethyl pyrocarbonate）

DNA　　　　脱氧核糖核酸（deoxyribonucleic acid）

RNA　　　　核糖核酸（ribonucleic acid）

PBS　　　　磷酸盐缓冲液（phosphate buffered saline）

5 检测方法原理

通过分析 PRRSV 北美型经典株和高致病变异株的序列差异，发现 HP-PRRSV 存在一段缺失序列。针对该段缺失序列的特征，在其保守区域设计特异性引物和 TaqMan 荧光探针，探针两端分别标记一个报告荧光基团和一个淬灭荧光基团。探针完整时，报告基团发射的荧光信号被淬灭基团吸收；PCR 扩增时，*Taq* 酶的 5′→3′外切酶活性将探针酶切降解，使报告荧光基团和淬灭荧光基团分离，淬灭作用消失，荧光信号产生并被检测仪器检测到，随着 PCR 反应的循环进行，PCR 产物与荧光信号的增长呈对应关系。因此，可以通过检测荧光信号对核酸模板进行检测。

该反应体系中含有内置参照（内标），通过检测内标是否正常来监测待测样本中是否具有 PCR 抑制物，避免 PCR 假阴性。

6 主要设备和材料

6.1 主要设备

6.1.1 实时荧光 PCR 仪。

6.1.2 高速冷冻离心机。

6.1.3 恒温孵育器。

6.1.4 涡旋振荡器。

6.1.5 组织匀浆器。

6.1.6 生物安全柜。

6.1.7 超净工作台。

6.1.8 冰箱。

6.1.9 微量移液器（0.1 μL～2.5 μL，1 μL～10 μL，10 μL～200 μL，100 μL～1000 μL）。

6.1.10 灭菌离心管（1.5 mL，2 mL，5 mL，15 mL），灭菌吸头（10 μL，200 μL，1 mL），灭菌 PCR 扩增反应管（0.2 mL，八连管或 96 孔板）。

6.1.11 采样工具：剪刀、镊子和灭菌棉拭子等。

6.2 试剂

除特别说明外，所有实验用试剂均为分析纯，实验用水为去离子水。

6.2.1 灭菌 PBS。配制方法见附录 A。

6.2.2 无 RNase 去离子水：经 DEPC 处理的去离子水或商品无 RNase 去离子水，见附录 A。

6.2.3 RNA 抽提试剂：Trizol 或其他等效产品。

6.2.4 无水乙醇。

6.2.5 75%乙醇（无 RNase 去离子水配制）。

6.2.6 三氯甲烷。

6.2.7 异丙醇。

6.2.8 反转录扩增相关试剂，M-MLV 反转录酶或等效试剂。

6.2.9 PCR 扩增相关试剂，热启动 *Taq* 酶或等效试剂。

6.2.10 RNA 酶抑制剂。

6.2.11 HP-PRRSV 阳性对照和阴性对照样品，其中阳性对照为非感染性体外转录 RNA，阴性对照为健康猪的样品。

6.2.12 内置参照质粒为带有人 β 珠蛋白基因的质粒。

6.2.13 引物和探针：根据表 1 中的序列合成引物和探针，引物和探针用无 RNase 去离子水配制成 10 μmol/L 储存液，–20℃保存。

表 1　实时荧光 RT-PCR 扩增引物和探针

引物或探针名称	引物或探针序列（5′→3′）
HP-F	CCCTAGTGAGCGGCAATTGT
HP-R	TCCAGCGCCCTGATTGAA
HP-probe	FAM-TCTGTCGTCGATCCAGA-MGB

注：探针也可选用具有与 FAM 和 MGB 荧光基团相同检测效果的其他合适的荧光报告基团和荧光淬灭基团组合。

7　检测方法

7.1　生物安全措施

实验操作及样品处理按照 GB 19489 的规定执行。操作人员需经过专业培训，且在操作过程中佩戴防护用品，样品处理过程需在生物安全柜中操作。

7.2　样品采集

采样过程中样品不得交叉污染，采样及样品前处理过程中应戴一次性手套。

7.2.1　血清样品

用无菌注射器抽取受检猪静脉血不少于 5 mL，置于无菌离心管内，室温或者 37℃倾斜放置自然凝集 20 min～30 min，2000 r/min～3000 r/min 离心 10 min，吸取上清液到新的离心管内备用。

7.2.2　公猪精液

按照 GB/T 25172 的方法采集和保存精液。

7.2.3　口腔拭子

大猪使用保定器保定，小猪可以双手保定，用采样拭子蘸取口腔分泌物，放入无菌采样管中。

7.2.4　肺灌洗液

完整摘取肺脏/肺叶，送实验室进行灌洗。

7.2.5　组织样品采集

取淋巴结、扁桃体、肺脏、脾脏或肾脏等组织，置于无菌离心管内备用。

7.2.6　细胞培养物

细胞培养物反复冻融 3 次，第 3 次解冻后，将细胞培养物置于 1.5 mL 无 RNA 酶的灭菌离心管内，编号备用。

7.2.7 实验动物设施设备

用灭菌棉拭子拭取实验动物设施设备出风口初效滤膜表面沉积物，将拭子置入灭菌 15 mL 离心管，加入适量灭菌 PBS，浸泡 5 min～10 min，充分混匀，编号备用。

7.3　样品保存和运输

上述采集的样品可立即用于检测。不能立即检测的样品，在 2℃～8℃下保存应不超过 24 h，–20℃下应不超过 3 个月，–70℃以下可长期保存。样品运送采用低温保存进行运输，并在规定温度下的保存期内送达。

7.4　样品处理

7.4.1 血清和精液样品无需进行前处理，可直接用于核酸提取。

7.4.2 口腔拭子：加入 0.5 mL 无菌 PBS，充分涡旋振荡 1 min，反复挤压拭子，尽量挤压出拭子中液体后弃之，3000 r/min 4℃离心 5 min，取上清液用于后续核酸提取。

7.4.3 肺灌洗液：根据肺脏/肺叶的大小，通过肺管加入 5 mL～10 mL 无菌 PBS，反复揉捏，吸取灌洗液，3000 r/min 4℃离心 5 min，取上清液用于后续核酸提取。

7.4.4 组织样品：取 2 g 组织于无菌 5 mL 离心管，加入 4 mL 灭菌 PBS，使用研磨或匀浆的方式制备组织匀浆液，8000 r/min 4℃离心 5 min，取上清液用于后续核酸提取。

7.4.5 细胞培养物：取经 3 次反复冻融的细胞培养物，4000 r/min 4℃离心 10 min，取上清液用于后续核酸提取。

7.4.6 实验动物设施设备：取出采集的拭子，12 000 r/min 4℃离心 10 min，取上清液用于后续核酸提取。

7.5　实时荧光 RT-PCR

7.5.1 RNA 抽提

7.5.1.1 RNA 抽提使用 Trizol 手工提取，也可以使用等效的商品化试剂盒。

7.5.1.2 Trizol 对人体有害，使用时应戴一次性手套，注意防止溅出。

7.5.1.3 取 200 μL 处理后的样本加 1 mL Trizol 后，充分混匀，室温静置 10 min 使其充分裂解。

7.5.1.4 按每毫升 Trizol 加入 200 μL 氯仿，盖紧样本管盖，用手用力振荡摇晃离心管 15 s。室温静置 5 min，12 000 r/min 4℃离心 15 min。

7.5.1.5 将上层透明液体转移到新的无 RNA 酶的离心管中，加入等体积预冷的异丙醇，室温放置 10 min，12 000 r/min 4℃离心 15 min。

7.5.1.6 弃去上清，加入 0.8 mL 75%乙醇，颠倒混匀 3～6 次，12 000 r/min 4℃离心 10 min。反复洗涤两次后，将离心管倒扣在吸水纸上，在超净工作台中自然晾干或用移液器移去残液后晾干。

7.5.1.7 加入 20 μL 无 RNase 去离子水溶解 RNA。提取的 RNA 尽快进行反转录扩增或放置于–70℃冰箱保存。

7.5.1.8　提取过程中要注意交叉污染，移液过程每份样品都需要更换吸头，不同样品离心管应倒扣在吸水纸上的不同位置。

7.5.2　反应体系和上机检测

7.5.2.1　反应体系的配制与分装

根据待测样本、阴性对照以及阳性对照数量，按表 2 中各组分的比例，取相应量的试剂，充分混匀成 PCR-Mix，瞬时离心后，按照每管 45 μL 分装于 0.2 mL 透明 PCR 管内，将 PCR 管置于 96 孔板上，按顺序排列并做好记录。

表 2　实时荧光 RT-PCR 反应体系

组分	1 个检测反应的加入量/μL
M-MLV 反转录酶（200 U/μL）	0.5
5×RT-PCR buffer	10
热启动 *Taq* DNA 聚合酶（5 U/μL）	2
RNA 酶抑制剂（40 U/μL）	0.5
dNTPs（100 mmol/μL）	0.5
HP-F（10 μmol/μL）	1
HP-R（10 μmol/μL）	1
HP-probe（10 μmol/μL）	0.5
DEPC 水	29
合计	45

7.5.2.2　加样

根据实验设计，分别向各反应管中加入 7.1 制备的 5 μL RNA 溶液，盖上盖子，500 r/min 离心 20 s。转移至检测区。

7.5.2.3　上机检测

7.5.2.3.1　荧光通道设置

将加样完成的各反应管放入荧光 PCR 检测仪器中，设置探针为 FAM 标记。

7.5.2.3.2　循环条件设置与检测

第一阶段，反转录 42℃，30 min；

第二阶段，预变性 95℃，1 min；

第三阶段，变性 95℃/15 s，退火、延伸、荧光采集 60℃/30 s，扩增 40 个循环；

第四阶段，仪器冷却 25℃，10 s。

检测结束后，保存结果，根据收集的荧光曲线和 Ct 值判定结果。

8　结果判定

8.1　阈值设定

阈值设定原则根据仪器噪声情况进行调整，以阈值线刚好超过正常阴性样品扩增的最高点为准。

8.2 质量控制

8.2.1 HP-PRRSV 阴性对照：FAM 通道无 Ct 值显示。

8.2.2 HP-PRRSV 阳性对照：FAM 通道 Ct 值≤30，且扩增曲线为典型的 S 型。

8.2.3 8.2.1 和 8.2.2 要求需在同一次实验中同时满足，否则，本次实验无效，需重新进行。

8.3 结果描述及判定

8.3.1 被检测样品 Ct 值≤35，且扩增曲线为典型的 S 型，报告为 HP-PRRSV 核酸阳性。

8.3.2 被检测样品 35＜Ct 值≤40，判定可疑。应重复检测一次，如检测无 Ct 值显示，报告为 HP-PRRSV 核酸阴性，反之则报告为阳性。

附　录　A

（规范性附录）

溶　液　配　制

A.1　DEPC 水配制

每升去离子水中加入 1 mL DEPC，用力摇匀，使 DEPC 充分混匀在水中，37℃放置 12 h 以上，再经 121℃、15 min 高压灭菌备用。

A.2　磷酸盐缓冲液（0.01 mol/L PBS，pH 7.4）

用 800 mL 蒸馏水溶解 8 g NaCl，0.2 g KCl，1.44 g Na_2HPO_4 和 0.24 g KH_2PO_4。用 HCl 调节溶液的 pH 至 7.4，加水至 1 L。分装后经 121℃、15 min 高压灭菌备用。

附 录 B

（资料性附录）

引物扩增序列

GenBank No.EF635006 HuN4，（15002-15062）

ccctagtga gcggcaattg tgtctgtcgt cgatccagac tgccttcaat cagggcgctg ga

---

ICS 65.020.30
B 44

中国实验动物学会团体标准

T/CALAS 114—2022

实验动物　猪细小病毒环介导等温扩增（LAMP）检测方法

Laboratory animal - Loop-mediated isothermal amplification assay for porcine parvovirus

2023-02-01　发布

2023-02-01　实施

中国实验动物学会　发布

前　　言

本文件按照 GB/T 1.1—2020《标准化工作导则　第 1 部分：标准化文件的结构和起草规则》的规定起草。

本文件的某些内容可能涉及专利。本文件的发布机构不承担识别专利的责任。

本文件由中国实验动物学会归口。

本文件由全国实验动物标准化技术委员会（SAC/TC281）技术审查。

本文件由中国实验动物学会实验动物标准化专业委员会提出并组织起草。

本文件起草单位：上海懿尚生物科技有限公司、贵州中医药大学、中国农业科学院哈尔滨兽医研究所、哈尔滨国生生物科技股份有限公司。

本文件主要起草人：周洁、陆涛峰、于海波、王牟平、陶凌云、尚之寿、陈洪岩、李昌文。

实验动物 猪细小病毒环介导等温 扩增（LAMP）检测方法

1 范围

本文件规定了猪细小病毒（PPV）环介导等温扩增（LAMP）检测方法的检测原理、主要试剂和仪器、检测方法、检验方法和结果判定。

本文件适用于 SPF 级实验用猪细小病毒的抗原检测。

2 规范性引用文件

下列文件对于本文件的应用是必不可少的。凡是注明日期的引用文件，仅注日期的版本适用于本文件。凡是不注日期的引用文件，其最新版本（包括所有的修改单）适用于本文件。

GB 19489 　　　　　　实验室 生物安全通用要求
GB/T 39759—2021　　实验动物 术语
NY/T 541—2002　　　动物疫病实验室检验采样方法
T/CALAS 33—2017　　实验动物 SPF 猪微生物学监测
T/CALAS 89—2020　　实验动物 鼠痘病毒环介导等温扩增（LAMP）检测方法

3 术语和定义

GB/T 39759—2021、T/CALAS 89—2020 中术语和定义适用于本文件。

4 缩略语

下列缩略语适用于本文件。

PPV　　猪细小病毒（porcine parvovirus）
LAMP　环介导等温扩增法（loop-mediated isothermal amplification）
DNA　　脱氧核糖核酸（deoxyribonucleic acid）

5 检测原理

DNA 在 65℃左右处于动态平衡状态，利用可以产生环状结构的引物和 Bst DNA 聚合酶链置换合成的活性，在靶序列两端引物结合处循环不断地产生环状单链结构。任何一个引物向双链 DNA 的互补序列进行碱基配对延伸时，另一条链就会解离变成单链，引物在恒温条件下引发新链的合成，达到高效扩增靶基因的目的。最后通过核酸扩增过程中焦磷酸镁沉淀与荧光染料结合产生的绿色荧光判定阳性结果。

6 主要试剂和仪器

6.1 试剂

6.1.1 病毒基因组 DNA 提取试剂盒。

6.1.2 LAMP 试剂，包含 Bst DNA 聚合酶和 2×反应缓冲液（RM）。

6.1.3 LAMP 荧光目视试剂。

6.2 器材

6.2.1 水浴锅。

6.2.2 环介导等温扩增反应管。

6.2.3 生物安全柜。

6.2.4 组织匀浆机。

6.2.5 超净工作台。

6.2.6 冰箱。

6.2.7 微量移液器（0.1 μL～2.5 μL、1 μL～10 μL、10 μL～200 μL、100 μL～1000 μL）。

6.2.8 灭菌离心管（1.5 mL、2 mL、5 mL、15 mL），灭菌吸头（10 μL、200 μL、1 mL）。

6.2.9 采样工具：剪刀、镊子和灭菌棉拭子等。

7 检测方法

7.1 生物安全措施

实验操作及样品处理按照 GB 19489 的规定执行。操作人员需经过专业培训，且在操作过程中佩戴防护用品，样品处理过程需在生物安全柜中操作。

7.2 样品采集

采样过程中样本不得交叉污染，采样及样本前处理过程中应戴一次性手套。

7.2.1 新鲜粪便

收集新鲜粪便，置于无菌离心管内备用。

7.2.2 直肠拭子

大猪使用保定器保定，小猪可以双手保定，用采样拭子插入直肠，蘸取直肠内分泌物和粪便，放入无菌采样管中。

7.2.3 全血样品

采集静脉抗凝血，放入无菌采样管中。

7.2.4 肠组织样品

动物解剖后，采集直肠内容物或肠组织样品，放入无菌采样管中。

7.2.5 细胞培养物

细胞培养物反复冻融 3 次，第 3 次解冻后，将细胞培养物置于 1.5 mL 灭菌离心管内，编号备用。

7.2.6　实验动物设施设备

　　用灭菌棉拭子拭取实验动物设施设备出风口初效滤膜表面沉积物，将拭子放入灭菌 1.5 mL 离心管，加入适量灭菌 PBS，浸泡 5 min～10 min，充分混匀，编号备用。

7.3　样品保存和运输

　　上述采集的样品可立即用于检测。不能立即检测的样品，在 2℃～8℃下保存应不超过 24 h，–20℃下应不超过 3 个月，–70℃以下可长期保存。样品运送采用低温保存进行运输，并在规定温度下的保存期内送达。

7.4　样品处理

7.4.1　抗凝血样品无需进行前处理，可直接用于核酸提取。

7.4.2　直肠拭子：加入 0.5 mL 无菌 PBS，充分涡旋振荡 1 min，反复挤压拭子，尽量挤压出拭子中液体后弃之，3000 r/min、4℃离心 5 min，取上清液用于后续核酸提取。

7.4.3　粪便样品：取 0.5 g 新鲜粪便样品，于无菌 2 mL 离心管，加入 0.5 mL 灭菌 PBS，充分振荡均匀，5000 r/min、4℃离心 5 min，取上清液用于后续核酸提取。

7.4.4　肠组织样品：取 0.2 g 肠组织，放入无菌 2 mL 离心管中，加入 1 mL 灭菌 PBS，用组织研磨仪研磨后，5000 r/min、4℃离心 5 min，取上清液用于后续核酸提取。

7.4.5　细胞培养物：取经 3 次反复冻融的细胞培养物，5000 r/min、4℃离心 10 min，取上清液用于后续核酸提取。

7.4.6　实验动物设施设备：取出采集的拭子，12 000 r/min、4℃离心 10 min，取上清液用于后续核酸提取。

7.4.7　其他组织：可以采集流产胎儿或死产仔猪的肾、睾丸、肺、肝、肠系膜淋巴结，以及母猪胎盘、阴道分泌物，制成无菌悬液，用于后续核酸提取。

8　检验方法

8.1　空白对照

　　灭菌去离子水。

8.2　阴性对照

　　提取不含 PPV 的样本 DNA 作为阴性对照。

8.3　阳性对照

　　提取 PPV 的 DNA 作为阳性对照。

8.4　引物

　　F3：5′-CAACAATGGCTAGCTATATGC-3′

B3：5′-AAGTTGGTGTTGTTGGCT-3′

FIP：5′-GGTGTATTTATTGGGGTTTGCATTTT-3′

BIP：5′-TTTGGGGAAACTTCGTTTT-3′

LB：5′-TGGCTCCTCCCATTTTTCTGA-3′

LP：5′-AGCGGACAACAACTACGCA-3′

8.5　样品 DNA 的制备

将处理后的样品用病毒核酸提取试剂盒提取 DNA，测定浓度备用。

8.6　LAMP 检测

Loopamp®核糖核酸扩增试剂盒（SLP244）、环介导等温扩增法 FDR 荧光检测试剂盒（SLP221）配置 25 μL 反应体系：2×反应缓冲液（RM）12.5 μL，10×LAMP Primer Mix 2.5 μL（其中，FIP/BIP 为 16 μmol/L，F3/B3 为 2 μmol/L，LP/LB 为 4 μmol/L），Bst DNA 聚合酶 1 μL，去离子水 3 μL，样本 DNA 5 μL，LAMP 荧光目视试剂 1 μL。63℃恒温下反应 60 min。

9　结果判定

反应结束后反应液呈现绿色荧光判为阳性，透明浅橙黄色判为阴性。

————————————

ICS 65.020.30

B 44

中国实验动物学会团体标准

T/CALAS 115—2022

实验动物　呼肠孤病毒Ⅲ型反转录–环介导等温扩增（RT–LAMP）检测方法

Laboratory animal - Reverse transcription loop-mediated isothermal amplification assay for

reovirus type 3

2023-02-01　发布　　　　　　　　　　　　　2023-02-01　实施

中国实验动物学会　发布

前　　言

本文件按照 GB/T 1.1—2020《标准化工作导则　第 1 部分：标准化文件的结构和起草规则》的规定起草。

本文件中的附录 A 为资料性附录。

本文件的某些内容可能涉及专利。本文件的发布机构不承担识别专利的责任。

本文件由中国实验动物学会归口。

本文件由全国实验动物标准化技术委员会（SAC/TC281）技术审查。

本文件由中国实验动物学会实验动物标准化专业委员会提出并组织起草。

本文件起草单位：上海懿尚生物科技有限公司、贵州中医药大学、中国农业科学院哈尔滨兽医研究所、上海海关动植物与食品检验检疫技术中心。

本文件主要起草人：周洁、陶凌云、陆涛峰、于海波、尚之寿、王艳、张强。

实验动物　呼肠孤病毒Ⅲ型反转录-环介导等温扩增（RT-LAMP）检测方法

1　范围

本文件规定了实验动物呼肠孤病毒Ⅲ型（Reo-3）的检测原理、试剂和器材、检测方法和结果判定。

本文件适用于小鼠、大鼠、地鼠、豚鼠 Reo-3 的检测。

2　规范性引用文件

下列文件对于本文件的应用是必不可少的。凡是注明日期的引用文件，仅注日期的版本适用于本文件。凡是不注日期的引用文件，其最新版本（包括所有的修改单）适用于本文件。

GB/T 39759—2021　　实验动物　术语

T/CALAS 89—2020　　实验动物　鼠痘病毒环介导等温扩增（LAMP）检测方法

3　术语和定义

GB/T 39759—2021、T/CALAS 89—2020 中术语和定义适用于本文件。

4　检测原理

DNA 在 65℃左右处于动态平衡状态，利用可以产生环状结构的引物和具有聚合酶链置换合成活性的 Bst DNA 聚合酶，在靶序列两端引物结合处循环不断地产生环状单链结构，达到高效扩增靶基因的目的，最后通过核酸扩增过程中产生焦磷酸镁沉淀与荧光染料结合产生的绿色荧光判定反应结果。

5　主要试剂和器材

5.1　试剂

5.1.1　病毒基因组 RNA 提取试剂盒。

5.1.2　RT-LAMP 试剂，包含酶溶液（EM）和 2×反应缓冲液（RM）。

5.1.3　LAMP 荧光目视试剂。

5.2　器材

5.2.1　水浴锅。

5.2.2　环介导等温扩增反应管。

5.2.3　生物安全柜。

5.2.4 组织匀浆机。

6 检测方法

6.1 空白对照

DEPC 去离子水。

6.2 阴性对照

提取不含小鼠 Reo-3 的粪便组织的 RNA 作为阴性对照。

6.3 阳性对照

以合成的 Reo-3 的 S1 基因片段为阳性对照（详见附录 A）。

6.4 引物

F3：5′-CTCTTGAGCAAAGTCGGGAT-3′

B3：5′-ACGAGATTGTCGTGATCAACG-3′

FIP：5′-GAGGGCTCCGATAGAGCTTTCCAGACTTGGTTGCATCAGTCAGT-3′

BIP：5′-TTCGAGTGTTACCCAGTTGGGTGCGTACGTCTGCAAGTCCTG-3′

6.5 样品的制备

采集肛拭子或活体动物安乐死处死后采集盲肠内容物或肝脏组织 1.0 g，置于 2 mL 离心管，加入适量磷酸盐缓冲液（PBS），充分匀浆后 12 000 r/min 离心 5 min，取上清，用病毒基因组 RNA 提取试剂盒提取病毒 RNA，具体步骤参照产品说明书。测定 RNA 浓度进入下一步骤或−80℃保存备用。

6.6 核酸扩增

在反应管中配置 25 μL 反应体系见表 1。

表 1 Reo-3 RT-LAMP 反应体系

反应组分	反应量
2×反应缓冲液（RM）	12.5 μL
FIP 引物	40 pmol（1 μL）
BIP 引物	40 pmol（1 μL）
F3 引物	5 pmol（1 μL）
B3 引物	5 pmol（1 μL）
酶溶液（EM）	1 μL
DEPC 去离子水	1.5 μL
样本 RNA	5 μL
LAMP 荧光目视试剂	1 μL

注：65℃恒温下反应 60 min。

7 结果判定

反应结束后观察反应液颜色，呈现绿色荧光判为阳性，浅橙色透明判为阴性。

8 结果解释

环介导等温扩增敏感度极高，可检出几个拷贝的核酸；通过 4 条引物同时锁定 6 个特异性位点，可保证检测结果准确；最低检出值的反应液绿色荧光清晰可见。因此，本试验只判定阴性、阳性，不设疑似阳性或弱阳性。

9 结果报告

根据判定结果，做出检测报告。

附 录 A

（资料性附录）

Reo-3 的 S1 基因序列（X01161.1）

gctattggtc ggatggatcc tcgcctacgt gaagaagtag tacggctgat aatcgcatta
acgagtgata atggagcatc actgtcaaaa gggcttgaat caagggtctc ggcgctcgag
aagacgtctc aaatacactc tgatactatc ctccggatca cccagggact cgatgatgca
aacaaacgaa tcatcgctct tgagcaaagt cgggatgact tggttgcatc agtcagtgat
gctcaacttg caatctccag attggaaagc tctatcggag ccctccaaac agttgtcaat
ggacttgatt cgagtgttac ccagttgggt gctcgagtgg gacaacttga gacaggactt
gcagacgtac gcgttgatca cgacaatctc gttgcgagag tggatactgc agaacgtaac
attggatcat tgaccactga gctatcaact ctgacgttac gagtaacatc catacaagcg
gatttcgaat ctaggatatc cacgttagag cgcacggcgg tcactagcgc gggagctccc
ctctcaatcc gtaataaccg tatgaccatg ggattaaatg atggactcac gttgtcaggg
aataatctcg ccatccgatt gccaggaaat acgggtctga atattcaaaa tggtggactt
cagtttcgat ttaatactga tcaattccag atagttaata ataacttgac tctcaagacg
actgtgtttg attctatcaa ctcaaggata ggcgcaactg agcaaagtta cgtggcgtcg
gcagtgactc ccttgagatt aaacagtagc acgaaggtgc tggatatgct aatagacagt
tcaacacttg aaattaattc tagtggacag ctaactgtta gatcgacatc cccgaatttg
aggtatccga tagctgatgt tagcggcggt atcggaatga gtccaaatta taggtttagg
cagagcatgt ggataggaat tgtctcctat tctggtagtg ggctgaattg gagggtacag
gtgaactccg acattttat tgtagatgat tacatacata tatgtcttcc agcttttgac
ggtttctcta tagctgacgg tggagatcta tcgttgaact ttgttaccgg attgttacca
ccgttactta caggagacac tgagcccgct tttcataatg acgtggtcac atatggagca
cagactgtag ctatagggtt gtcgtcgggt ggtgcgcctc agtatatgag taagaatctg
tgggtggagc agtggcagga tggagtactt cggttacgtg ttgaggggggg tggctcaatt
acgcactcaa acagtaagtg gcctgccatg accgtttcgt acccgcgtag tttcacgtga
ggatcagacc accccgcggc actggggcat ttcatc

参 考 文 献

周洁, 陶凌云, 胡建华, 高诚, 于海波. 2018. 一种用于快速检测小鼠呼肠孤病毒 3 型的成套引物及其应用:
    ZL2018 1 0960585.X

Lu TF, Tao LY, Yu HB, Zhang H, Wu YJ, Wu SG, Zhou J. 2021. Development of a reverse transcription loop
    mediated isothermal amplification assay for the detection of Mouse reovirus type 3 in laboratory mice.
    Scientific Reports, 11(1): 3508

ICS 65.020.30

B 44

中国实验动物学会团体标准

T/CALAS 116—2022

实验动物　质量检测样品采集

Laboratory animal - Sampling for quality control

2023-02-01　发布

2023-02-01　实施

中国实验动物学会　发布

前　　言

本文件按照 GB/T 1.1—2020《标准化工作导则　第 1 部分：标准化文件的结构和起草规则》的规定起草。

本文件的某些内容可能涉及专利。本文件的发布机构不承担识别专利的责任。

本文件由中国实验动物学会归口。

本文件由全国实验动物标准化技术委员会（SAC/TC281）技术审查。

本文件由中国实验动物学会实验动物标准化专业委员会提出并组织起草。

本文件起草单位：中国医学科学院医学实验动物研究所、中国人民解放军军事科学院军事医学研究院、苏州西山生物技术有限公司、中国食品药品检定研究院、广东省实验动物监测所、上海实验动物研究中心、首都医科大学、浙江省实验动物质量监督检测站。

本文件主要起草人：向志光、范薇、郭连香、韩雪、付瑞、张钰、魏晓峰、佟巍、张丽芳、李长龙、戴方伟、魏强、岳秉飞。

实验动物　质量检测样品采集

1　范围

本文件规定了实验动物质量检测过程中动物群体抽样、样品采集时机、采集部位、样品类型、样品后处理等的一般要求。

本文件适用于实验动物进行微生物与寄生虫、遗传、环境设施等质量检测的样品采集过程的质量控制。

2　规范性引用文件

下列文件对于本文件的应用是必不可少的。凡是注明日期的引用文件，仅注日期的版本适用于本文件。凡是不注日期的引用文件，其最新版本（包括所有的修改单）适用于本文件。

GB 14922　　　　　实验动物　微生物、寄生虫学等级及监测
GB/T 14926.42　　　实验动物　细菌学检测　标本采集
GB/T 39760—2021　实验动物　安乐死指南
NY/T 541　　　　　兽医诊断样品采集、保存与运输技术规范
T/CALAS 77—2020　实验动物　哨兵动物的使用

3　术语和定义

下列术语和定义适用于本文件。

3.1

实验动物质量监测计划　laboratory animal quality monitoring program

对特定实验动物设施内饲养的实验动物的微生物、寄生虫和遗传质量进行预防、检测、诊断、控制、清除所制定并实施的计划。

3.2

样品　sample

来源于实验动物的活体或死亡的动物、动物周围的附属材料、动物周围环境，经过一定的采集和处理程序，具备反应动物群体质量性状的材料或信息。

3.3

实验动物微生物单元　laboratory animal microbial unit

实验动物设施中独立的微生物状态的实体，拥有独立的物理空间、动物流、人流和物品流。

注：常见的微生物单元包括但不限于拥有一个或多个房间的屏障系统、一个隔离器、一组微屏障笼具。

4 要求

4.1 采样目的

4.1.1 常规动物质量监测

实验动物质量监测通常包括微生物学和寄生虫学等级与监测，以及遗传质量控制。应根据质量监测目标，如设施的实验动物质量监测计划，明确实验动物采样目的及制定采样程序。

4.1.2 异常动物的检查

当动物出现异常表现，如精神沉郁、食欲不振或废绝、发热等，以及存在动物烈性传染病或人兽共患病病原污染风险时，可以对异常动物进行采样检测，以确定病因。

4.1.3 物料和环境样品检测

为调查物料和环境中病原对动物质量的影响，可以采集物料和环境样品进行检测。

4.2 样品类型与采样部位

根据检测目标、选用的检测方法、动物的年龄、病原在实验动物宿主的组织器官分布选择合适的样品类型及采样部位。同时需要病原在体内的消长规律评估采样部位对病原检出率的影响，如比较粪便与盲肠内容物的病原检出的差异。

环境样品采集，要根据污染流向选择下游位点，部分样品要进行浓缩，或加长采样时间，如浮游菌采集等。

推荐的样品类型和采集部位包括：

a）寄生虫检测：通常采集动物皮毛、天然孔等拭子、粘片、粪便、肠道内容物等。

b）病原抗体检测：通常采集血清样品。啮齿类动物进行血清学检测，应采集成年动物样品。

c）病原核酸检测：通常采集口腔拭子、鼻拭子和粪便。

d）病理学检查：采集病变交界处的组织进行病理学检查。

e）哨兵动物检测：哨兵动物对于实验动物的健康监测具有重要意义，当没有足够的动物或者合适的动物（如免疫缺陷动物）用来检测群体中病原传播的情况下，哨兵动物是最适用的监测对象。哨兵动物样品的采集部位与种群动物相同。哨兵动物的使用参考团体标准 T/CALAS 77—2020。对于不易经污染垫料传播的病原，有时采集动物群体本身是必须的。

f）遗传检测：应采集含有动物有核细胞的组织类型，如肌肉等。

4.3 采样数量

实验动物饲养机构应根据动物自身遗传背景、既往病原检出史、近期病原流行水平、动物群体大小、实验动物使用目的等确定采样数量。涉及抽样时，应根据以上因素进行抽样与质量评价的风险评估。

4.3.1 全群采样

对于部分病原，特别是非人灵长类实验动物的人兽共患病原，需要进行全群采样，对每只动物进行筛查。例如，结核分枝杆菌、B病毒对于猴是每只必检。

4.3.2 抽样

对于部分病原，可以根据种群大小、流行情况、危害程度、既往检出史、设施防控水平等进行评估，决定采样比率和频率。可参考国家标准 GB 14922 的要求确定抽样数量和频率；也可根据设施需要确定最小抽样数量，并评估结果的置信区间。

4.4 采样时机

不同病原的采样间隔周期应根据病原的消长规律，以及流行水平等进行制定。高流行率病原，应在一个消长周期内至少采样一次（血清学的消长周期较长，病原学的较短）。可参考 GB 14922 的要求。

新引进动物时，应根据实验动物质量监测计划进行抽样并采集样本进行检测。

动物出现疑似传染病或异常死亡时也应及时采集发病或死亡动物的样本进行检测。

4.5 采样程序

对于动物群体的质量监测，要做好统筹，将待检测项目列入计划，并根据样品类型和检测方法制定采样程序。可参考 GB 14922 的程序进行。对同一活体动物的多种样品采集，要遵循样品互不干扰的原则。

4.6 采样方法

4.6.1 啮齿类动物应活体送检，剖杀后取样。其他动物活体样本采集时应做好动物的保定，需要时应按照实验动物福利等要求进行动物麻醉。

4.6.2 样品采集应遵循从高级别到低级别，从外到里，从上到下，无菌操作的原则。

4.6.3 不同类型样品的采集可参考 GB/T 14926.42 和 NY/T 541 进行。

4.7 样品包装与储运

样品采集后至检测前须做好样品的包装，防止样品间的交叉污染。并做好样品的识别，进行唯一性标识。

样品应根据检测方法做好储运，选择合适的储运条件，如使用适当的运输培养基、低温、冷冻运输等。

对于可能含有《人间传染的病原微生物名录》和《一、二、三类动物疫病病种名录》中的病原体的病料样本，其包装和运输应符合 UN2814、UN3373 或 UN2900 的要求。

4.8 样品的质量控制

应建立样品质量控制程序，考虑上述要求，并参考不同检测技术对样品的要求进行样品质量评估，识别不同采样步骤和运输过程对样品质量的影响，做好风险控制。

4.9 样品采集的动物福利保障

4.9.1 实验动物质量监测活动样品采集中活体剖杀动物采样不可避免。应对检测方法与病原检出能力进行评估,选择动物周边环境样品或动物附属样品监测与活体动物检测相结合,减少活体剖杀动物的样品采集。

4.9.2 活体样本采集宜在动物生产或实验设施进行,应对动物进行保定或者麻醉,避免动物产生应激。

4.9.3 在动物生产或实验设施进行活体剖杀,应有单独的安乐死房间或者设备,避免造成同伴动物的恐惧。

4.9.4 动物安乐死程序应优先选用 GB/T 39760—2021 推荐的方法。

4.10 样品采集中的生物安全

4.10.1 应做好生物安全风险的识别与控制。检测人员应具备相应的专业知识,并定期进行培训和考核。检测计划制定者应具备生物安全风险识别能力。

4.10.2 采样时,个人一般应采取初级防护措施。如怀疑有烈性病原体感染时应根据风险评估结果提高生物安全防护水平。

ICS 65.020.30

B 44

中国实验动物学会团体标准

T/CALAS 117—2022

实验动物　动物感染实验个人防护要求

Laboratory animal - Personal protection requirements for animal infection experiment

2023-02-01　发布

2023-02-01　实施

中国实验动物学会　发布

前　　言

本文件按照 GB/T 1.1—2020《标准化工作导则　第 1 部分：标准化文件的结构和起草规则》的规定起草。

本文件中的附录 A 为资料性附录，附录 B 为规范性附录。

本文件的某些内容可能涉及专利。本文件的发布机构不承担识别专利的责任。

本文件由中国实验动物学会归口。

本文件由全国实验动物标准化技术委员会（SAC/TC281）技术审查。

本文件由中国实验动物学会实验动物标准化专业委员会提出并组织起草。

本文件起草单位：中国科学院武汉病毒研究所、武汉大学、华中农业大学、武汉生物制品研究所有限责任公司、湖北省疾病预防控制中心。

本文件主要起草人：吴佳、陈西、安学芳、代明、彭云、唐浩、赵赫、刘军、卢佳、唐利军。

实验动物 动物感染实验个人防护要求

1 范围

本文件规定了动物感染实验活动中所涉及的个人防护要求。

本文件适用于从事病原微生物动物感染实验活动人员的防护。

2 规范性引用文件

下列文件中的内容通过文中的规范性引用而构成本文件必不可少的条款。其中，注日期的引用文件，仅该日期对应的版本适用于本文件；不注日期的引用文件，其最新版本（包括所有的修改单）适用于本文件。

GB 19489—2008　　　　　实验室　生物安全通用要求
RB/T 199—2015　　　　　实验室设备生物安全性能评价技术规范
CNAS-CL05-A002：2020　实验室生物安全认可准则对关键防护设备评价的应用说明
国卫科教发〔2023〕24 号　　　　《人间传染的病原微生物目录》
中华人民共和国原农业部令第 53 号　　《动物病原微生物分类名录》

3 术语和定义

下列术语和定义适用于本文件。

3.1

病原微生物 pathogenic microorganism

指可以侵犯人、动物，引起感染甚至传染病的微生物，包括病毒、细菌、真菌、立克次体、寄生虫等。

3.2

动物感染实验 animal infection experiment

指以活的病原微生物感染动物以及感染动物的相关实验操作。

3.3

动物生物安全实验室 animal biosafety laboratory

指从事动物活体操作的生物安全实验室。根据实验所用动物的品种，分为脊椎动物实验室和无脊椎动物实验室。根据对所操作生物因子采取的防护措施，将动物实验室生物安全防护水平分为一级、二级、三级和四级，一级防护水平最低，四级防护水平最高。以 ABSL-1、ABSL-2、ABSL-3 和 ABSL-4（animal biosafety level，ABSL）表示动物生物安全实验室相应的生物安全防护水平。

3.4

个人防护装备 personal protective equipment，PPE

指防止人员个体受到生物性、化学性或物理性等危险因子伤害的器材和用品。

3.5

实验动物体型分类 laboratory animal type

根据动物体重差异将动物分为小型动物、中型动物和大型动物。小型动物一般指体型较小的啮齿类动物，如小鼠、大鼠、地鼠和豚鼠等；中型动物包括兔、犬和猴等；大型动物包括羊、牛和马等较大动物。

3.6

正压生物防护头罩 positive pressure biological protective hood

通过电动送风或外部供气系统将过滤后的洁净空气送入头罩内并在头罩内形成一定正压，对人员呼吸和头面部提供有效防护的生物防护装备。

4 动物感染实验个人防护要求

4.1 通用要求

4.1.1 动物实验应根据所操作的病原微生物危害程度分类和国家颁布的《人间传染的病原微生物目录》《动物病原微生物分类名录》的规定，选择相应防护等级的生物安全实验室开展动物感染实验活动。对未列入其中的病原微生物，应进行风险评估并经所在机构或国家相关生物安全专家委员会评估决定。动物生物安全实验室的选择应遵守以下原则。

a）ABSL-1 实验室：适用于操作通常情况下不会引起人类或者动物疾病的微生物。

b）ABSL-2 实验室：适用于操作能够引起人类或者动物疾病，但一般情况下对人、动物或者环境不构成严重危害，传播风险有限，实验室感染后很少引起严重疾病，并且具备有效治疗和预防措施的微生物。

c）ABSL-3 实验室：适用于操作能够引起人类或者动物严重疾病，比较容易直接或者间接在人与人、动物与人、动物与动物间传播的微生物。

d）ABSL-4 实验室：适用于操作能够引起人类或者动物非常严重疾病的微生物，以及我国尚未发现或者已经宣布消灭的微生物。

4.1.2 动物实验人员应通过动物实验和生物安全相关培训并考核合格，取得上岗资格。

4.1.3 感染危险可能性增加和感染后果可能严重的实验人员不应从事动物感染实验活动，除非有办法除去这种危险。

4.1.4 动物实验人员应接受人员暴露和伤害的应急处置培训和演练。

4.1.5 不应在实验室工作区饮食、抽烟、处理隐形眼镜、使用化妆品和存放食品等。

4.1.6 应使用适宜的移液装置，禁止用嘴吸液。

4.1.7　应最大程度减少所有可能产生感染性气溶胶或飞溅物的操作并防止感染性材料溢洒。

4.1.8　应在生物安全柜或相当的隔离装置内从事涉及产生气溶胶的操作，否则应组合使用个体防护装备和其他的物理防护装置。

4.1.9　使用锐器时，应遵守 GB 19489—2008 中 B.2.11 的规定。

4.1.10　在操作动物过程中应使用动物约束装置和安全的操作方式以降低人员意外伤害的风险。

4.1.11　进入实验室之前应在更衣室内脱下自己的外套和饰品（如项链、耳饰、戒指、手镯和手表等）。不应留长指甲，不宜留长发。

4.1.12　选择合适的个人防护装备并正确佩戴。个人防护装备在工作中发生污染和破损时，应及时更换。脱卸个人防护装备前，应对手部进行消毒处理。

4.1.13　应根据实验活动的防护要求选择使用医用外科口罩、KN95 及以上等级医用防护口罩。使用 KN95 及以上口罩前应进行个体适合性试验，每次佩戴应检查气密性（参见附录 A）。

4.1.14　防护有害物质飞溅或沾染黏膜时，应佩戴护目镜或面罩。护目镜和面罩应定期清洁，如果被污染，应用适当的消毒剂消毒。个人眼镜不能替代护目镜使用。

4.1.15　可使用正压生物防护头罩加强对头面部及呼吸道保护。正压生物防护头罩需要定期进行评价，评价方法应遵守 CNAS-CL05-A002：2020 中 5.15 的规定。

4.1.16　需要防化学物质气体伤害时，应佩戴半面罩呼吸器或全面罩呼吸器。呼吸器应使用防化过滤器，如需要同时防生物危害，应结合使用防生物危害过滤器。每次佩戴呼吸器时应检查气密性。

4.1.17　当存在引起人体不适的声音时，宜佩戴降噪耳塞等听力保护器材。

4.1.18　应根据不同的防护水平要求选择相应的防护服。包括实验室工作服、连体衣、隔离衣、围裙及正压防护服等。防护服大小应合适，离开实验室前按程序脱下防护服，重复使用的防护服应消毒灭菌后洗涤。

4.1.19　应根据工作需要选择相应的手套并方便使用，包括具有防生化、辐射、冷热、锐器伤和动物抓咬伤等多种不同功能的手套。穿戴防护手套前应检查手套有无破损并正确穿戴。每当发生污染、破损或穿戴一定时间后应及时更换手套，离开实验室前按程序脱下手套。常用橡胶手套的脱卸应按照附录 B 进行。

4.1.20　在脱掉手套后离开动物实验区时应洗手。洗手步骤应按照附录 B 进行。

4.1.21　鞋及鞋套：工作用鞋要防水、防滑、耐扎、舒适，可有效保护脚部，必要时加穿鞋套。

4.1.22　脱卸个人防护装备时应防止感染性材料的转移。

4.1.23　涉及辐射的动物实验，人员应穿戴合适的防辐射装备。

4.1.24　处理经高压灭菌等方式去污染后的感染性废弃物，应穿戴口罩、手套和防护服。

4.2　不同防护等级动物实验室的个人防护要求

4.2.1　ABSL-1 实验室个人防护要求

4.2.1.1　应戴头套，并将头发完全包裹于头套内。

4.2.1.2 应戴医用外科口罩。

4.2.1.3 戴隐形眼镜的人员在进入具有潜在高浓度或空气颗粒物的污染区域时，应戴护目镜。

4.2.1.4 应戴与实验任务匹配的合适手套。

4.2.1.5 应穿实验室工作服，工作服应为长袖，袖口可束紧，下摆过膝。屏障环境设施内应穿连体衣。普通环境设施内操作大中型动物时视情况加穿防水围裙。

4.2.1.6 应穿不露脚趾的鞋。大中型动物实验设施内视情况穿防水鞋。

4.2.1.7 接触非人灵长类动物的人员应评估黏膜暴露风险并穿戴与工作相匹配的防护装备（如护目镜和面罩等）。

4.2.1.8 对于从事大中型动物操作的人员应考虑使用其他合适的个人防护装备。

4.2.1.9 实验人员离开实验室前应脱去工作服、口罩和手套等个人防护装备，并洗手。必要时进行个人淋浴。

4.2.2 ABSL-2 实验室个人防护要求

4.2.2.1 适用时，应符合 ABSL-1 实验室个人防护要求。

4.2.2.2 操作经空气传播的病原微生物时，经风险评估后确定是否佩戴 KN95 及以上等级的口罩。

4.2.2.3 必要时，佩戴护目镜、面罩，戴二层手套。

4.2.2.4 从事大中型动物操作时，应加穿一层一次性手术衣。

4.2.2.5 制定人员职业健康计划，必要时对人员进行免疫接种并留存本底血清。

4.2.3 ABSL-3 实验室个人防护要求

4.2.3.1 适用时，应符合 ABSL-2 实验室个人防护要求。

4.2.3.2 至少有两名工作人员共同开展动物实验。

4.2.3.3 应戴 KN95 或以上等级的医用防护口罩。宜佩戴护目镜、面罩或呼吸器。

4.2.3.4 戴二层手套，内层手套应压住内层隔离衣袖口，外层手套压住外层防护服袖口。必要时，戴防动物抓咬或锐器割伤功能的手套。手套应先消毒再脱下。

4.2.3.5 穿二层防护服，其中内层为隔离衣，可选用一次性或多次使用服装，外层为一次性医用防护服。必要时，加穿一层医用一次性手术衣。

4.2.3.6 如使用正压防护服，着装要求见 4.2.4.2。

4.2.3.7 小型啮齿类动物实验应穿防护鞋及一次性鞋套。

4.2.3.8 大型动物操作应穿防水围裙和防水鞋。

4.2.3.9 动物实验人员适时进行免疫接种，在动物实验前留存本底血清。免疫低下者、孕妇和哺乳期妇女禁止从事此类实验活动。

4.2.3.10 离开实验室时应进行个人淋浴。

4.2.4 ABSL-4 实验室个人防护要求

4.2.4.1 Ⅲ级生物安全柜型 ABSL-4 实验室

4.2.4.1.1 个人防护要求同 ABSL-3 实验室的要求。

4.2.4.1.2 所有的实验材料、受感染的动物应在Ⅲ级生物安全柜中进行操作。

4.2.4.1.3 建立人员医疗监督管理制度，包括免疫接种、血清收集和潜在实验室暴露后的隔离及医疗护理措施。

4.2.4.2 正压防护服型 ABSL-4 实验室

4.2.4.2.1 同 4.2.4.1.3。

4.2.4.2.2 进入实验室时,工作人员先脱掉个人所有服饰,然后穿一层一次性或多次使用的隔离衣,戴一层橡胶手套并覆盖隔离衣袖口,再穿正压防护服。正压防护服需定期评价,评价方法应遵守 RB/T 199—2015 中 4.8 的规定。

4.2.4.2.3 每次穿正压防护服前应先检查正压防护服的气密性,重点检查手套。

4.2.4.2.4 在正压防护服的手套外再戴一层橡胶手套。需要时,加戴一层防动物抓咬或锐器割伤的手套。

4.2.4.2.5 退出实验室时经过化淋间对正压防护服进行化学淋浴消毒及清洁。

4.2.4.2.6 化学淋浴完成后,退出到正压防护服更换间,脱掉正压防护服和隔离衣,然后进行个人淋浴。

4.3 无脊椎动物生物安全实验室个人防护要求

4.3.1 应根据不同防护级别、所操作的无脊椎动物种类和工作性质参照 4.2 的个人防护要求选择合适的个人防护装备并掌握正确的使用方法。

4.3.2 宜选用浅色的防护服和相应的其他个人防护装备。

4.3.3 防护服应减少裸露的皮肤区域,不穿裙子、短裤、露趾鞋、凉鞋和 T 恤衫,以减少被无脊椎动物叮咬的风险。

4.3.4 接触或处理潜在感染的无脊椎动物、血液和相关设备时,应戴手套。离开实验室时应脱掉手套,并洗手。

附 录 A

（资料性附录）

KN95 及以上等级医用防护口罩适合性和气密性试验

A.1　适合性定性试验

A.1.1　试验前要求

15 min 内未吃食物或嚼口香糖，整个测试过程中用嘴进行呼吸。

A.1.2　敏感度试验

A.1.2.1　在不戴口罩的情况下戴上测试面罩，向测试口内喷洒测试溶液。以 10 次为一个等级。30 次后仍感觉不到测试剂味道则换一种测试剂。

A.1.2.2　去掉面罩，用水漱口，直到清除口中的苦味。

A.1.3　适合性试验

A.1.3.1　戴好合适的口罩后，罩上面罩。

A.1.3.2　向面罩的检测口内喷敏感级数次数的测试剂。

A.1.3.3　每隔 30 s 喷入敏感级数二分之一次数的测试剂，以维持面罩内测试剂浓度。

A.1.3.4　完成以下动作，每个动作 60 s。

　　a）正常呼吸。

　　b）有规律深呼吸。

　　c）左右转动头部，每个位置停下呼吸一次。

　　d）抬头低头，每个位置呼吸 1～2 次。

　　e）慢速大声说话（可读一段文字）。

　　f）弯腰或原地慢跑。

A.1.4　结果判断

A.1.4.1　合适

在整个测试过程中没有感觉到测试剂味道，则判定适合。

A.1.4.2　不适合

在完成各项动作过程中如感觉到测试剂的味道，则判定口罩不适合，应调整口罩佩戴方式后再进行测试，仍不适合者更换口罩类型。

A.2　适合性定量试验

A.2.1　试验环境要求

试验空间大小能容纳受试者自由进行固定的测试动作。空气中颗粒数应不小于 7×10^7 个/m³。如颗粒数过少，可使用气溶胶发生器增加环境中的颗粒物，要求粒数中值直径约为 40 nm，几何标准差约为 2.2。如使用氯化钠气溶胶，则空气中的相对湿度应不大于 50%。

A.2.2 试验人员要求

男性刮掉胡须。

A.2.3 试验过程

在口罩上接近佩戴者口鼻部的"呼吸区域"穿刺，安装采样管。采样管应在受试者颈部佩戴的支持装置上固定，以减小试验过程中对口罩的干扰。

受试者做以下 6 个规定动作，每个动作做 1 min。

a）正常呼吸：站立姿势，正常呼吸速度，不说话。

b）深呼吸：站立姿势，慢慢深呼吸，注意不要呼气过度。

c）左右转头：站立姿势，缓缓向一侧转头到极限位置后再转向另一侧，在每个极限位置都应有吸气。

d）上下活动头部：缓缓低头，再缓缓抬头，在抬头的极限位置应有吸气动作。

e）说话：大声缓缓说话。让受试者从 100 倒数或读一段文章。

f）正常呼吸：同 a）。

A.2.4 结果判断

通过计算测得的口罩外部颗粒的平均浓度和口罩内部平均浓度的比值来计算每个动作的适合因数及总适合因数。根据设备说明判断测试结果。

A.3 气密性试验

A.3.1 戴好口罩后，用力呼气。若空气从口罩边缘溢出，即佩戴不当，应调整头带及鼻梁压条。

A.3.2 戴好口罩后，用力吸气，口罩中央会内陷。若有空气从口罩边缘进入，即佩戴不当，应调整头带及鼻梁压条。

A.3.3 重复以上 A.3.1～A.3.2 操作，直至感觉无空气从口罩边缘溢出或进入为止。

附 录 B

（规范性附录）

橡胶手套脱卸和洗手步骤

B.1 橡胶手套脱卸步骤

B.1.1 一只手的拇指和食指捏住另一只手套腕部外面，其余手指钩住手套翻转脱下。

B.1.2 脱下后，握在戴手套的手掌中。

B.1.3 用脱下手套手的食指、中指和无名指三指并列从手套边缘插入另一手套中，向身体外侧用力，翻转脱下。

B.1.4 边脱边包裹掌心中先前脱下的手套，然后放入垃圾桶中。

B.2 洗手步骤

B.2.1 先在水龙头下把双手充分淋湿，然后使用肥皂或洗手液。

B.2.2 手心相对，手指合拢，相互揉搓，至少 10 个来回以洗净掌心和指腹。

B.2.3 掌心相对，十指交叉，相互揉搓指缝、指蹼，至少 10 个来回。

B.2.4 将一手五指尖并排在另一手的掌心处放置揉搓，至少 10 圈以洗净指尖和掌心，换手进行重复动作。

B.2.5 手心对手背，手指交叉沿指缝相互揉搓，至少 10 个来回以洗净手背，换手进行重复动作。

B.2.6 一手握住另一手的大拇指揉搓，至少 10 次，换手进行重复动作。

B.2.7 双手轻合空拳，相互合十揉搓，至少 10 个来回以洗净指背。

B.2.8 一手握住另一手的手腕揉搓，至少 10 次，换手进行重复动作。

B.2.9 用清水将双手彻底冲洗干净，注意冲洗时腕部要低于肘部。

B.2.10 擦干或吹干双手。

————————————

ICS 65.020.30

B 44

中国实验动物学会团体标准

T/CALAS 118—2022

实验动物　SPF 级豚鼠饲养管理规范

Laboratory animal - Specification for feeding management of specific pathogen free guinea pig

2023-02-01　发布

2023-02-01　实施

中国实验动物学会　发布

前　言

本文件按照 GB/T 1.1—2020《标准化工作导则　第 1 部分：标准化文件的结构和起草规则》的规定起草。

本文件的某些内容可能涉及专利。本文件的发布机构不承担识别专利的责任。

本文件由中国实验动物学会归口。

本文件由全国实验动物标准化技术委员会（SAC/TC281）技术审查。

本文件由中国实验动物学会实验动物标准化专业委员会提出并组织起草。

本文件起草单位：广东省医学实验动物中心。

本文件主要起草人：邝少松、王刚、谭巧燕、刘科、黄小红、黎雄才、饶子亮、严家荣、楼彩霞、赵伟健、郑佳琳、陈华财。

实验动物　SPF 级豚鼠饲养管理规范

1　范围

本文件规定了实验动物 SPF 级豚鼠饲养管理的术语和定义，人员要求，设施，引种，质量控制，饲养管理，繁育技术，运输，废水、废弃物及动物尸体处理，档案等。

本文件适用于 SPF 级豚鼠繁育生产和饲养管理。

2　规范性引用文件

下列文件对于本文件的应用是必不可少的。凡是注明日期的引用文件，仅注日期的版本适用于本文件。凡是不注日期的引用文件，其最新版本（包括所有的修改单）适用于本文件。

GB 14924.3	实验动物　配合饲料营养成分
GB 14925	实验动物　环境及设施
GB 50447	实验动物设施建筑技术规范
GB 5749	生活饮用水卫生标准
GB/T 14924.1	实验动物　配合饲料通用质量标准
GB/T 14924.2	实验动物　配合饲料卫生标准
GB/T 14926.1	实验动物　沙门菌检测方法
GB/T 14926.3	实验动物　耶尔森菌检测方法
GB/T 14926.5	实验动物　多杀巴斯德杆菌检测方法
GB/T 14926.6	实验动物　支气管鲍特杆菌检测方法
GB/T 14926.10	实验动物　泰泽病原体检测方法
GB/T 14926.12	实验动物　嗜肺巴斯德杆菌检测方法
GB/T 14926.13	实验动物　肺炎克雷伯杆菌检测方法
GB/T 14926.14	实验动物　金黄色葡萄球菌检测方法
GB/T 14926.15	实验动物　肺炎链球菌检测方法
GB/T 14926.16	实验动物　乙型溶血性链球菌检测方法
GB/T 14926.17	实验动物　绿脓杆菌检测方法
GB/T 14926.18	实验动物　淋巴细胞脉络丛脑膜炎病毒检测方法
GB/T 14926.23	实验动物　仙台病毒检测方法
GB/T 14926.24	实验动物　小鼠肺炎病毒检测方法
GB/T 14926.25	实验动物　呼肠孤病毒Ⅲ型检测方法
GB/T 18448.1	实验动物　体外寄生虫检测方法
GB/T 18448.2	实验动物　弓形虫检测方法

GB/T 18448.6　　　实验动物　蠕虫检测方法

GB/T 18448.10　　实验动物　肠道鞭毛虫和纤毛虫检测方法

3　术语和定义

下列术语和定义适用于本文件。

3.1

屏障环境 barrier environment

符合实验动物繁育生产和饲养管理的要求，严格控制人员、物品和空气的进出，适用于饲育无特定病原体（specific pathogen free，SPF）级实验动物。

4　人员

4.1　技术人员

应配备充足的技术人员，具备实验动物相关工作经验或专业背景，并应在上岗前经过专业培训。

4.2　实验动物医师

应配备专职实验动物医师，具备基本的兽医专业知识。

4.3　人员体检

所有从业人员均需定期体检，防止人兽共患病传播，不适宜的人员要及时更换。

4.4　人员培训

对从业人员定期开展实验动物专业知识与技能、实验动物生产繁育、饲养管理知识与技能、生产与实验规范、实验动物产业新技术及其发展趋势等培训。

5　设施

5.1　选址

设施的选址、设计和建造应符合国家和地方的环境保护、建设主管部门的规定和要求，并按照 GB 14925 和 GB 50447 中相关规定执行。

5.2　场区布局

场区布局应符合国标 GB 14925 要求。

5.3　环境

SPF 级豚鼠的设施环境条件为屏障环境，屏障环境设施监测指标按照 GB 14925 的规定执行。应定期对实验动物设施进行检测，每年至少检测一次。空气处理系统维修及高效过滤器更换后应及时检测环境指标。

5.4 运行和维持

空调、通风系统配备专职人员进行运行管理，实时监控设备运行状况，保养检修工作人员应每天检查设备，及时发现隐患，定期检修；定期监测空气指标，遇到紧急情况启动应急预案；应制定人流、物流、动物进出操作规程，并严格执行。

6 引种

SPF级豚鼠种源应来源于国家实验动物种子中心或国家认可的种源单位，遗传背景清楚，质量符合现行的国家标准。

7 质量控制

7.1 病原微生物与寄生虫控制

病原微生物与寄生虫检测项目及检测方法见表1。

表1　SPF级豚鼠病原微生物与寄生虫检测项目及方法

	检测项目		检测方法	要求
细菌	沙门菌	GB/T 14926.1	培养法	●
	泰泽病原体	GB/T 14926.10	抗体检测法	●
	支气管鲍特杆菌	GB/T 14926.6	培养法	●
	多杀巴斯德杆菌	GB/T 14926.5	培养法	●
	嗜肺巴斯德杆菌	GB/T 14926.12	培养法	●
	肺炎克雷伯杆菌	GB/T 14926.13	培养法	●
	金黄色葡萄球菌	GB/T 14926.14	培养法	○
	乙型溶血性链球菌	GB/T 14926.16	培养法	○
	绿脓杆菌	GB/T 14926.17	培养法	●
	假结核耶尔森菌	GB/T 14926.3	培养法	○
	肺炎链球菌	GB/T 14926.15	培养法	○
病毒	淋巴细胞脉络丛脑膜炎病毒	GB/T 14926.18	抗体检测法	●
	仙台病毒	GB/T 14926.23	抗体检测法	●
	小鼠肺炎病毒	GB/T 14926.24	抗体检测法	●
	呼肠孤病毒Ⅲ型	GB/T 14926.25	抗体检测法	●
寄生虫	体外寄生虫	GB/T 18448.1	镜检法	●
	弓形虫	GB/T 18448.2	抗体检测法	●
	全部蠕虫	GB/T 18448.6	镜检法	●
	肠道鞭毛虫	GB/T 18448.10	镜检法	●
	肠道纤毛虫	GB/T 18448.10	镜检法	●

注：●为必须检测的项目，要求阴性。○为必要时检测的项目，要求阴性。

必须检测项目：指在进行实验动物质量评价时必须检测项目；必要时检测项目：指从国外引进实验动物时，怀疑本病流行时，申请实验动物生产许可证和实验动物质量合格证时必须检测项目。下同。

7.2 检测频率

繁育生产机构应每年定期对实验动物进行检测，每 3 个月至少检测一次，并建立有效的质量控制体系。动物实验机构也应建立有效的质量控制体系。

7.3 健康监测

健康监测方式主要包括实验动物引入设施前的检测、设施内动物群体定期抽检，以及疑似异常动物的送检。对于动物饮用水、饲料、垫料及用品的微生物指标，定期进行抽检。对于疑似异常的动物，除对病原进行检测外，必要时进行病理学检测。

8 饲养管理

8.1 饲料

8.1.1 根据 SPF 级豚鼠不同生长及繁殖阶段营养需要配制饲料，分为繁殖饲料和维持饲料；饲料营养应符合 GB/T 14924.1、GB 14924.3 要求，卫生指标应符合 GB/T 14924.2 要求。

8.1.2 豚鼠体内不能合成维生素 C，饲料中应添加维生素 C（1500 mg/kg～1800 mg/kg），应确保动物有足量粗纤维摄入，必要时可适当补充灭菌的干草颗粒，在饮水中添加维生素 C（200 mg/L～400 mg/L）。

8.1.3 饲料应选用可靠的灭菌方式，如钴-60 辐照灭菌。

8.1.4 饲料储存间应保持储存环境干燥、卫生，避免野鼠、虫媒等生物污染及其他化学性污染，饲料存放期不应超过保质期，钴-60 辐照灭菌的饲料，建议在 3 个月内用完。

8.1.5 饲料在使用过程中遵循"先进先用"的原则，打开包装后的饲料应防止污染。

8.2 垫料

垫料应符合国标 GB 14925 要求。

8.3 饮水

饮用水应当符合 GB 5749 标准并达到无菌要求，自动饮水系统应每月检测饮水嘴、管道、储水设备等位置的微生物污染情况，并采取清洁、消毒措施。采用饮水瓶喂水方式，应每天更换饮水瓶及新鲜饮用水，同时检查，确保饮水瓶水嘴不漏水。

8.4 笼具

笼具可采用不锈钢笼或豚鼠专用笼盒，笼具的材质、工艺及规格应符合动物健康和福利要求，符合 GB 14925 的规定。

8.5 日常管理

8.5.1 应建立 SPF 级豚鼠饲养管理相关的操作规程，并严格执行。

8.5.2 人员应按规定线路进出设施，进入前应按要求进行人员清洁、更衣、消毒。

8.5.3 传入设施的物品应按照屏障设施要求进行消毒、灭菌。耐高压物品应经过高温高压灭菌后传入，不耐高压物品可通过消毒液浸泡、紫外线照射或熏蒸消毒等方法传入。

8.5.4 豚鼠胆小怕惊、听觉敏锐，饲养环境应保持安静，人员操作应轻拿轻放，抓取动物时，应方法得当、态度温和、动作轻柔；饲养室应保持清洁卫生，每周擦拭笼架和喷雾消毒，以减少空气中浮游颗粒物。

8.5.5 新进豚鼠在使用前应进行适应性饲养。

8.5.6 豚鼠为群居动物，繁殖群可采用一雄多雌群养，育成群可采用同性别群养。

8.5.7 每天喂料一次，自由采食，豚鼠有卧料盒的习性，喂料前要把料盒内的残留物清洁干净。料盒每月应至少更换一次。

8.5.8 笼盒饲养，垫料每周更换 2 次；不锈钢笼饲养，盛粪盘每周更换 2 次，笼底板每月至少更换一次，不锈钢笼每季度至少更换一次，并清洁消毒。

8.5.9 每天检查生产繁育情况，记录产仔数、死仔数及离乳数等信息。

8.5.10 每天工作完毕后需对环境进行清洁、消毒，并记录设施温度、相对湿度、静压差、消毒情况等信息。

8.5.11 应对屏障外环境做好防鼠、防虫消杀工作。

8.5.12 在日常管理中，应定期对动物进行观察，若发现异常，应及时查找原因，采取有针对性的必要措施予以改善。

9 繁育技术

9.1 选种

9.1.1 亲代
雄性种豚鼠应身体健壮，性欲旺盛，配种后雌性豚鼠受孕率高。雌性种豚鼠应身体健壮，产仔率高，泌乳量大，母性及适应能力强，从其第 2 胎～4 胎仔鼠中选留下一代种鼠。

9.1.2 子代
选择繁殖性能好的种亲所生的后代留种，选种时采取同窝中选雄不选雌或选雌不选雄的方法，在同窝仔鼠中选择生长发育正常、健康无病、眼睛明亮无分泌物、被毛浓密有光泽并紧贴身体、背宽阔平直、腹部收紧、四肢粗短、体态匀称的仔鼠，雌性幼豚鼠应乳头明显。

9.2 配种

9.2.1 豚鼠的繁殖使用期为 1.5 年。

9.2.2 豚鼠性成熟较早，雌鼠在 30 日龄～45 日龄、雄鼠在 50 日龄～70 日龄性成熟。雌鼠在 4 月龄，雄鼠在 5 月龄达到体成熟，可以进行配种繁殖。

9.2.3 生产繁殖多采用雄雌数量 1∶5（～7）长期同居的频密繁殖法。

9.3 繁殖

豚鼠妊娠期 65 d～70 d，窝产仔数 1 只～7 只，多数 3 只～4 只。豚鼠分娩时间多在夜间，分娩后母鼠自动吃掉胎盘，同时舐干仔鼠身上的被毛进行哺乳，如母鼠受到惊吓或初产管理不当，常出现流产、死胎。

9.4 哺乳和离乳

同一笼内的母豚鼠有互相哺乳的习性，豚鼠属于胚胎发育完善动物，仔鼠出生后发育比较完全，哺乳 2 周～3 周或体重达 150 g 时离乳，离乳后雌雄仔鼠分开饲养。

9.5 育成和待发

9.5.1 育成豚鼠应雌雄分开饲养，同窝雄性豚鼠置于同一笼内。

9.5.2 应根据实验动物发育状况调整饲养密度，避免体重偏差过大。

9.5.3 应对待发豚鼠进行个体检查、记录，确保符合使用要求。

10 运输

运输笼具和运输工具应符合国标 GB 14925 要求。

11 废水、废弃物及动物尸体处理

废水、废弃物及动物尸体处理应符合国标 GB 14925 要求。

12 档案

12.1 记录

应建立生产繁殖档案，准确及时记录设施管理、人员进出、日常消毒、动物引种、检疫、配种、繁殖、出栏等信息，原始记录和统计分析资料应系统、完整。

12.2 归档

各种资料应由专人负责，及时整理归档，有条件的宜建立动物电子档案管理系统，进行信息化管理。

――――――――――――

ICS 65.020.30

B 44

中国实验动物学会团体标准

T/CALAS 119—2022

实验动物 SPF级兔饲养管理规范

Laboratory animal - Specification for feeding and management of specific pathogen free

rabbit

2023-02-01 发布　　　　　　　　　　　　　2023-02-01 实施

中国实验动物学会　发布

前　　言

本文件按照 GB/T 1.1—2020《标准化工作导则　第 1 部分：标准化文件的结构和起草规则》的规定起草。

本文件的某些内容可能涉及专利。本文件的发布机构不承担识别专利的责任。

本文件由中国实验动物学会归口。

本文件由全国实验动物标准化技术委员会（SAC/TC281）技术审查。

本文件由中国实验动物学会实验动物标准化专业委员会提出并组织起草。

本文件起草单位：广东省医学实验动物中心。

本文件主要起草人：刘科、王刚、黄小红、邝少松、黎雄才、谭巧燕、饶子亮、严家荣、楼彩霞、赵伟健、郑佳琳、张富发、陈华财。

实验动物 SPF 级兔饲养管理规范

1 范围

本标准规定了实验动物 SPF 级兔饲养管理的术语和定义，人员，设施，引种，质量控制，饲养管理，繁育技术，运输，废水、废弃物及尸体处理，档案等。

本标准适用于 SPF 级兔繁育生产和饲养管理的控制。

2 规范性引用文件

下列文件对于本文件的应用是必不可少的。凡是注明日期的引用文件，仅注日期的版本适用于本文件。凡是不注日期的引用文件，其最新版本（包括所有的修改单）适用于本文件。

GB 14924.3	实验动物	配合饲料营养成分
GB 14925	实验动物	环境及设施
GB 50447	实验动物设施建筑技术规范	
GB 5749	生活饮用水卫生标准	
GB/T 14924.1	实验动物	配合饲料通用质量标准
GB/T 14924.2	实验动物	配合饲料卫生标准
GB/T 14926.1	实验动物	沙门菌检测方法
GB/T 14926.3	实验动物	耶尔森菌检测方法
GB/T 14926.5	实验动物	多杀巴斯德杆菌检测方法
GB/T 14926.10	实验动物	泰泽病原体检测方法
GB/T 14926.12	实验动物	嗜肺巴斯德杆菌检测方法
GB/T 14926.13	实验动物	肺炎克雷伯杆菌检测方法
GB/T 14926.14	实验动物	金黄色葡萄球菌检测方法
GB/T 14926.15	实验动物	肺炎链球菌检测方法
GB/T 14926.16	实验动物	乙型溶血性链球菌检测方法
GB/T 14926.17	实验动物	绿脓杆菌检测方法
GB/T 14926.21	实验动物	兔出血症病毒检测方法
GB/T 14926.30	实验动物	兔轮状病毒检测方法
GB/T 18448.1	实验动物	体外寄生虫检测方法
GB/T 18448.2	实验动物	弓形虫检测方法
GB/T 18448.4	实验动物	卡氏肺孢子虫检测方法
GB/T 18448.5	实验动物	艾美耳球虫检测方法
GB/T 18448.6	实验动物	蠕虫检测方法

GB/T 18448.10　　实验动物　肠道鞭毛虫和纤毛虫检测方法

3　术语和定义

下列术语和定义适用于本文件。

3.1

屏障环境 barrier environment

符合实验动物繁育生产和饲养管理的要求，严格控制人员、物品和空气的进出，适用于饲育无特定病原体（specific pathogen free，SPF）级实验动物。

4　人员

4.1　技术人员

应配备充足的饲养技术人员，具备实验动物相关工作经验或专业背景，并应在上岗前经过专业培训。

4.2　实验动物医师

应配备专职实验动物医师，具备基本的兽医专业知识。

4.3　人员体检

所有从业人员应定期体检，防止人兽共患病传播，不适宜的人员应及时更换。

4.4　人员培训

应通过培训班、邀请专家、内部学习等多种途径对从业人员开展定期培训，培训内容包括实验动物专业知识与技能、实验动物生产繁育、饲养管理知识与技能、生产与实验规范、实验动物产业新技术及其发展趋势等。

5　设施

5.1　选址

设施的选址、设计和建造应符合国家和地方的环境保护、建设主管部门的规定和要求，并按照 GB 14925 和 GB 50447 中相关规定执行。

5.2　区域布局

布局应符合 GB 14925 要求。

5.3　环境

SPF 级兔的设施环境条件为屏障环境，屏障环境设施监测指标按照 GB 14925 的规定执行。SPF 级兔应采用不锈钢笼架干养方式饲养，笼架采用托盘或传送带收集粪便。应定期对动物设施进行检测。空气处理系统维修及高效过滤器更换后应及时检测环境指标。

5.4　运行维护

空调、通风系统配备专职人员进行运行管理，实时监控设备运行状况，应每天检查设备，及时发现隐患，定期检修；定期监测空气指标，遇到紧急情况启动应急预案。应制定人流、物流、动物进出操作规程，并严格执行。

6　引种

SPF 级种兔应来源于国家实验动物种子中心或国家认可的保种单位、种源单位，遗传背景清楚，质量符合现行的国家标准。

7　质量控制

7.1　病原微生物与寄生虫控制

病原微生物与寄生虫检测项目及方法见表1。

表1　SPF 级兔病原微生物与寄生虫检测项目及方法

	检测项目	检测方法		要求
细菌	沙门菌	GB/T 14926.1	培养法	●
	泰泽病原体	GB/T 14926.10	抗体检测法	●
	多杀巴斯德杆菌	GB/T 14926.5	培养法	●
	嗜肺巴斯德杆菌	GB/T 14926.12	培养法	●
	肺炎克雷伯杆菌	GB/T 14926.13	培养法	●
	绿脓杆菌	GB/T 14926.17	培养法	●
	卡氏肺孢子菌	GB/T 18448.4	镜检法	●
	金黄色葡萄球菌	GB/T 14926.14	培养法	○
	乙型溶血性链球菌	GB/T 14926.16	培养法	○
	肺炎链球菌	GB/T 14926.15	培养法	○
	假结核耶尔森菌	GB/T 14926.3	培养法	○
病毒	轮状病毒	GB/T 14926.30	抗体检测法	●
	兔出血症病毒	GB/T 14926.21	抗体检测法	●
寄生虫	体外寄生虫	GB/T 18448.1	镜检法	●
	弓形虫	GB/T 18448.2	抗体检测法	●
	鞭毛虫	GB/T 18448.10	镜检法	●
	蠕虫	GB/T 18448.6	镜检法	●
	艾美耳球虫	GB/T 18448.5	镜检法	○

注：●为必须检测项目，要求阴性。○为必要时检测项目，要求阴性。

7.2 检测频率

繁育生产机构应每年定期对实验动物进行检测，每 3 个月至少检测一次，并建立有效的质量控制体系。动物实验机构也应建立有效的质量控制体系。

7.3 健康监测

健康监测方式主要包括实验动物引入设施前的检测、设施内动物群体定期抽检，以及疑似异常动物的送检。对于动物饮用水、饲料、垫料及用品的微生物指标，定期进行抽检。对于疑似异常的动物，除对病原进行检测外，必要时进行病理学检测。

8 饲养管理

8.1 饲料

8.1.1 根据 SPF 级兔不同生长及繁殖阶段营养需要配制饲料，分为繁殖饲料和维持饲料；饲料营养应符合 GB/T 14924.1 和 GB 14924.3 要求，卫生指标应符合 GB/T 14924.2 要求。

8.1.2 饲料配方应确保动物有足量粗纤维摄入，必要时可适当补充灭菌的干草颗粒。

8.1.3 饲料应选用可靠的灭菌方式，如钴-60 辐照灭菌。

8.1.4 饲料储存间应保持储存环境干燥、卫生，避免野鼠、虫媒等生物污染及其他化学性污染，饲料存放期不应超过保质期。

8.1.5 饲料在使用过程中遵循"先进先用"的原则，打开包装后的饲料应防止污染。

8.2 饮水

饮用水应当符合 GB 5749 标准并达到无菌要求，饮水系统应每月检测饮水嘴、管道、储水设备等位置的微生物污染情况，并采取清洁、消毒措施。采用饮水瓶喂水方式，应每天更换饮水瓶及饮水。

8.3 笼具

笼具可采用不锈钢笼或兔专用笼盒，笼具的材质、工艺及规格应符合动物健康和福利要求，符合 GB 14925 的规定。

8.4 日常管理

8.4.1 应建立 SPF 级兔饲养管理相关的操作规程，并严格执行。

8.4.2 人员进出应按规定线路进出设施，进入前应按照设施环境要求进行人员清洁、更衣、消毒。

8.4.3 传入设施的物品应按照屏障设施要求进行消毒灭菌。传入屏障的物品，耐高压物品应经过高温高压灭菌后传入，不耐高压物品可通过消毒液浸泡、紫外线照射或熏蒸消毒等方法传入。

8.4.4　新进兔在使用前应进行适应性饲养。

8.4.5　兔喜爱安静、胆小怕惊，饲养环境应保持安静，人员操作应轻拿轻放，抓取动物时应方法得当、态度温和、动作轻柔，饲养室应保持清洁卫生，擦拭笼架和喷雾消毒，减少空气中浮游颗粒物。

8.4.6　成年兔应单笼饲养。

8.4.7　饲料应适量添加，每天喂料 1 次～2 次，自由采食。

8.4.8　不锈钢笼饲养，盛粪盘每周更换 2 次，笼底板每月至少更换 1 次，产箱每周至少更换 1 次，不锈钢笼应每季度至少更换 1 次，并清洁消毒。

8.4.9　每天工作完毕后对环境进行清洁、消毒，并记录设施温度、相对湿度、静压差、消毒情况等信息。

8.4.10　应对屏障外环境做好防鼠、防虫、消杀工作。

8.4.11　在日常管理使用中，应定期对动物进行观察，若发现异常，应及时查找原因，采取有针对性的必要措施进行改善。

9　繁育技术

9.1　选种

9.1.1　亲代

应具有较高的生殖能力，无先天性缺陷。雄种兔应体格健壮、性欲旺盛，与雌种兔交配后，有较高的受孕率。雌种兔应体格健壮、产仔率高、泌乳量大，仔兔断奶前死亡率低、胎次间隔短、母性好，从其第 2 胎～4 胎仔兔中选择下一代的种兔。

9.1.2　子代

选择繁殖性能好的种亲所生的后代留种，选留的种兔应体格健壮、健康无病、生长发育良好、胖瘦适中。公兔性欲强，睾丸匀称富有弹性、阴囊红润无水肿及溃疡、无单睾或隐睾；母兔发情正常，乳头明显，乳头数在 8 枚以上。

9.2　配种

9.2.1　兔的性成熟因品种而异，小型兔 3 月龄～4 月龄、中型兔 4 月龄～5 月龄、大型兔 5 月龄～6 月龄，体成熟时间比性成熟时间晚一个月，在生产中应达到体成熟后进行配种繁殖。

9.2.2　兔为刺激性排卵动物，配种时将母兔放入公兔笼内进行交配。

9.2.3　配种后 8 天～12 天，采用人工摸胎法判断雌兔是否受孕，若未孕，则再次配种。

9.3　繁殖

兔的妊娠期为 29 天～34 天，平均 31 天，每胎产仔数 1 只～13 只。分娩时间多集中于夜间和凌晨，产前应在兔笼内放置消毒过的产箱，分娩时应保持室内安静和兔笼内光线稍暗，备足饮水。

9.4　哺乳和离乳

雌兔分娩后，应检查全部新生仔兔，哺乳仔兔以每窝 6 只～8 只为宜，及时剔除死亡、残疾或过于瘦弱的幼仔。哺乳期间，母兔与仔兔分隔饲养，每天 1 次将母兔放入产箱中哺乳；每次哺乳完成后，应检查仔兔的吃奶情况。兔哺乳期 30 天～45 天，多数 35 天左右离乳，体质弱小的仔兔应适当延迟离乳。

9.5　育成和出场

9.5.1　离乳后雌雄仔兔应分开饲养，体重达 2.0 kg 应单笼饲养。
9.5.2　离乳初期应采用离母不离笼的方法，保持环境、饲料、管理不变。
9.5.3　发现病兔应及时淘汰。
9.5.4　动物出场前应认真检查动物健康状况，杜绝健康状况不良、质量不合格的动物出场。

10　运输

运输笼具和运输工具应符合国标 GB 14925 要求。

11　废水、废弃物及尸体处理

废水、废弃物及尸体处理应符合国标 GB 14925 要求。

12　档案

12.1　记录

应建立生产繁殖档案，准确及时记录设施管理、人员进出、日常消毒、动物引种、检疫、配种、繁殖和出栏等信息，原始记录和统计分析资料应系统、完整。

12.2　归档

各种资料应由专人负责，及时整理归档，有条件的宜建立动物电子档案管理系统，进行信息化管理。

ICS 65.020.30

B 44

中国实验动物学会团体标准

T/CALAS 120—2022

实验动物　无菌小鼠饲养管理指南

Laboratory animal - Guidelines of raising and management for germ-free mice

2023-02-01　发布

2023-02-01　实施

中国实验动物学会　发布

前　言

本文件按照 GB/T 1.1—2020《标准化工作导则　第 1 部分：标准化文件的结构和起草规则》的规定起草。

本文件中的附录 A、附录 B 为资料性附录。

本文件的某些内容可能涉及专利。本文件的发布机构不承担识别专利的责任。

本文件由中国实验动物学会归口。

本文件由全国实验动物标准化技术委员会（SAC/TC281）技术审查。

本文件由中国实验动物学会实验动物标准化专业委员会提出并组织起草。

本文件起草单位：中山大学附属第一医院、中国医学科学院医学实验动物研究所、赛业（苏州）生物科技有限公司、江苏集萃药康生物科技股份有限公司、广东省实验动物监测所。

本文件主要起草人：魏泓、商海涛、苏磊、朱华、赵静、郝同杨、欧阳应斌、张征、张钰、赵维波、董菊芹。

实验动物　无菌小鼠饲养管理指南

1　范围

本文件给出了无菌小鼠的遗传质量控制、无菌监测、微生物学和寄生虫学监测、环境及设施、配合饲料、制备方法、饲养管理的技术指导。

本文件适用于实验动物生产和使用机构的无菌小鼠饲养管理。

2　规范性引用文件

下列文件对于本文件的应用是必不可少的。凡是注明日期的引用文件，仅注日期的版本适用于本文件。凡是不注日期的引用文件，其最新版本（包括所有的修改单）适用于本文件。

GB 14922　　　　实验动物　微生物、寄生虫学等级及监测

GB 14923　　　　实验动物　遗传质量控制

GB/T 14924.1　　实验动物　配合饲料通用质量标准

GB/T 14924.2　　实验动物　配合饲料卫生标准

GB 14924.3　　　实验动物　配合饲料营养成分

GB 14925　　　　实验动物　环境及设施

GB/T 14926.41　 实验动物　无菌动物生活环境及粪便标本的检测方法

GB/T 26543　　　活体动物航空运输包装通用要求

GB 50447　　　　实验动物　设施建筑技术规范

3　术语和定义

下列术语和定义适用于本文件。

3.1

无菌小鼠　germ-free（GF）mice

用现有检测知识和技术，在动物体内外任何部位均检不出活的生命体的小鼠。

3.2

悉生小鼠　gnotobiotic（GN）mice

指在无菌小鼠体内植入已知的一种或多种微生物，并可在完全屏蔽外界微生物的隔离环境中保持的实验小鼠。

4 无菌小鼠的遗传质量控制

4.1 引种

4.1.1 选择行业认可的种子中心或种源机构进行引种。可以引种无特定病原体（specific pathogen free，SPF）级小鼠，通过无菌剖腹产或无菌胚胎移植法获得无菌小鼠种群。

4.1.2 作为繁殖用原种的近交系小鼠必须遗传背景明确，来源清楚，有较完整的资料（包括品系名称、近交代数、遗传基因特点及主要生物学特征等）。引种小鼠应来自近交系的基础群（foundation stock）。近交系小鼠引种数量一般不少于 3 对，遗传修饰动物应根据特性确定引种数量。

4.1.3 作为繁殖用原种的封闭群小鼠必须遗传背景明确，来源清楚，有较完整的资料（包括种群名称、来源、遗传基因特点及主要生物学特性等）。封闭群小鼠的引种数量一般不少于 25 对。

4.2 繁殖

近交系无菌小鼠、封闭群无菌小鼠、杂交群无菌小鼠的繁殖方法参照 GB 14923 的要求。

4.3 遗传质量监测

近交系无菌小鼠、封闭群无菌小鼠、杂交群无菌小鼠的遗传质量监测参照 GB 14923 的要求。

5 无菌小鼠的无菌监测、微生物学和寄生虫学监测

5.1 无菌小鼠生活环境和粪便标本的无菌监测

每 2 周～4 周检查一次无菌小鼠的生活环境标本和粪便标本，检测方法参照 GB/T 14926.41 的规定并无菌检测合格。

5.2 无菌小鼠的微生物学和寄生虫学监测

5.2.1 应选择成年无菌小鼠，按照 GB 14922 的取样方法，无菌解剖分离气管分泌物、肠内容物，必要时可增加其他脏器，参照 GB/T 14926.41 的方法进行无菌检测。每年检测动物一次。

5.2.2 参照 GB 14922 无特定病原体动物应排除的所有微生物和寄生虫，进行微生物学和寄生虫学检测，必要时应增加微生物监测指标，应检尽检。全部检测结果应为阴性。每年检测动物一次。必要时可采用细菌 16S rDNA 可变区 PCR、真菌 ITS rDNA 可变区 PCR 方法进行肠道、皮肤、口腔、阴道、组织器官等微生物检测。

5.2.3 应结合小鼠生活环境和粪便标本的无菌监测，小鼠的微生物学和寄生虫学监测、细菌 16S rDNA 可变区 PCR、真菌 ITS rDNA 可变区 PCR 等方法，以及无菌小鼠是否符合无菌动物的形态学和生理学特征（参见附录 A），综合判断无菌小鼠是否符合微生物学质量标准。

6 环境及设施

6.1 无菌小鼠生产和实验场所的环境条件及设施的设计、施工、检测、验收和经常性监督管理按 GB 14925 和 GB 50447 的隔离环境规定执行。

6.2 无菌小鼠的生产和实验均需要在隔离器内进行，隔离器可置于屏障环境。如果通过隔离器设备能够达到 GB 14925 的隔离环境标准，且无菌小鼠质量合格，可以不要求屏障环境。

6.3 隔离器的环境技术指标应符合 GB 14925 隔离环境的要求，环境技术指标的检测方法按 GB 14925 的要求执行。无菌小鼠以隔离包为隔离饲养和实验单元，无菌小鼠和悉生小鼠需要按照不同品种、品系和植入的微生物的不同，在不同的隔离包中分开饲养。

6.4 无菌小鼠垫料应符合 GB 14925 的质量要求。无菌小鼠垫料应通过高温高压灭菌或辐照灭菌达到绝对无菌要求，检测方法参照 GB/T 14926.41 的规定并无菌检测合格。包装材料和形式应能耐受合适的消毒液浸泡，并保证一定时间浸泡后完全无菌，以保证传入和传出隔离器时达到无菌要求。

6.5 无菌小鼠饮水应符合 GB 14925 的质量要求。无菌小鼠饮水应通过高温高压灭菌或辐照灭菌达到绝对无菌要求，检测方法参照 GB/T 14926.41 的规定并无菌检测合格。包装材料和形式应能耐受合适的消毒液浸泡，并保证一定时间浸泡后完全无菌，以保证传入和传出隔离器时达到无菌要求。

7 配合饲料

7.1 无菌小鼠配合饲料的通用质量标准应符合 GB/T 14924.1 的要求，卫生标准应符合 GB/T 14924.2 要求，营养成分指标应符合 GB 14924.3 的要求。

7.2 无菌小鼠配合饲料应通过高温高压灭菌或辐照灭菌达到绝对无菌要求,检测方法参照 GB/T 14926.41 的规定并无菌检测合格。推荐通过将配合饲料饲喂无菌小鼠 4 周以上，用其饲喂的无菌小鼠生活环境和粪便标本无菌检测合格，作为饲料无菌检测合格要求。

7.3 辐照灭菌的无菌小鼠配合饲料包装应完全密封，包装材料能耐受合适的消毒液浸泡，包装外表面应平整无缝隙死角，保证消毒液浸泡可以完全浸入灭菌，以保证传入和传出隔离器时达到无菌要求。

7.4 无菌小鼠配合饲料应根据无菌小鼠的营养需求（参见附录 B），进行必要的营养成分补充和调整。

8 无菌小鼠制备方法

8.1 无菌剖腹产

对手术隔离器、剖腹产手术物品灭菌处理，参照 GB/T 14926.41 的方法无菌检测合格；无菌剖腹产手术取出子宫，通过灭菌渡槽将其传入手术隔离器中；剖出仔鼠、剪断脐带、擦拭口鼻黏液、模拟母鼠舔舐人工辅助呼吸，待仔鼠呼吸正常、颜色变红润后，经由人工哺乳或无菌母鼠代乳；断奶后，参照 GB/T 14926.41 的方法无菌检测合格后，移入无菌饲养隔离器中建立无菌小鼠种群。

8.2 无菌胚胎移植

对手术隔离器、手术物品及器械进行灭菌处理，参照 GB/T 14926.41 的方法无菌检测合格。将无菌雌鼠与结扎无菌雄鼠交配制备无菌假孕雌鼠。将需要无菌净化的小鼠通过雌雄交配体内冲胚或者体外受精的方式获得受精后的 2 细胞期胚胎，胚胎经过清洗后无菌传递至手术隔离器内。通过手术或非手术移植的方式，将 2 细胞期胚胎移植至无菌假孕雌鼠的输卵管膨大部，将移植胚胎后的无菌假孕鼠传递至饲养隔离器。术后 13 天观察雌鼠妊娠情况，术后 19 天～20 天观察妊娠雌鼠生仔情况。19 天～20 天后小仔可分笼并采样，参照 GB/T 14926.41 的方法无菌检测，检测合格后可分开到不同的隔离包饲养用于实验或种群繁育。

9 无菌小鼠饲养管理

9.1 饲养管理操作规程

针对无菌小鼠的所有操作应制定严格的无菌操作规程，接触到的所有物品应保证绝对无菌，物品、动物传入和传出隔离器应保证彻底灭菌。

9.2 隔离器的启用

9.2.1 气密性测试

隔离器启用前，应进行气密性测试，气密性检测持续时间不应低于 12 h。

9.2.2 内环境灭菌

使用合适的灭菌剂，如过氧乙酸、二氧化氯等，在隔离器使用前进行内环境彻底灭菌，环境标本按照 GB/T 14926.41 的方法无菌检测合格。

9.3 物品进出隔离环境消毒操作

9.3.1 物品传入隔离包

9.3.1.1 通过传递桶传入：保持隔离包传递仓内盖帽为密封状态，消毒液喷雾消毒灭菌传递桶、传递仓和连接袖，连接袖连接灭菌传递桶与传递仓，消毒剂喷雾处理连接区域，静置 30 min～60 min；打开内盖帽，将物品转入隔离包内，关闭内盖帽。

9.3.1.2 直接传入：保持隔离装置传递仓内盖帽为密封状态，将灭菌后物品放入传递仓内，消毒剂喷雾处理物品表面和传递仓空间，静置 30 min～60 min；打开内盖帽，将物品转入隔离装置内，关闭内盖帽。

9.3.2 物品转出隔离包

保持隔离装置外盖帽密封状态，将物品转入传递仓内，关闭传递仓内盖帽，再开启传递仓外盖帽，将物品转出。关闭传递仓外盖帽，消毒剂喷雾处理传递仓空间。

9.3.3 传递仓连接传递

采用连接袖连接两个隔离包传递仓，或连接灭菌传递桶与传递仓，密封完成后消毒剂喷雾消毒处理连接袖，静置 30 min～60 min。检查连接袖是否漏气，将物品放入传递仓内，打开传入隔离包内盖帽，接入物品，盖好内盖帽，拆卸连接袖完成传递。完成传递后用消毒剂喷雾消毒传递仓空间。

9.4　无菌小鼠的运输

9.4.1　包装

无菌小鼠的运输包装参照 GB/T 26543 要求。

9.4.2　运输准备

无菌小鼠的运输器具需安装高效滤材，以保证运输过程中的通气和无菌性要求。

无菌小鼠的运输器具需经过彻底灭菌后方可使用，如高压灭菌、辐照灭菌。

9.4.3　运输过程和接收要求

9.4.3.1　无菌小鼠的运输过程中需添加果冻和饲料以保证动物福利，添加的果冻和饲料需经过灭菌后使用。

9.4.3.2　无菌小鼠接收过程中需对运输器具和隔离器的连接部位做充分的灭菌，同时避免消毒液与小鼠的直接接触以减少应激。

9.4.3.3　无菌小鼠接收同时，应立即采集粪便样品参照 GB/T 14926.41 的方法进行无菌检测，以评估运输过程中是否发生污染。

附 录 A

（资料性附录）

无菌小鼠主要生物学特性

目前研究表明的无菌小鼠与其他小鼠（SPF 及其他野生型小鼠）的主要生理和解剖特性差异见表 A.1。

表 A.1　无菌小鼠与其他小鼠（SPF 及其他野生型小鼠）主要生理和解剖特性差异

指标	差异
体液平衡	水摄入增加
代谢	基础代谢率降低
	游离氨基酸和尿素分泌增加，乙酸排泄很少
	肠内容物中尿素增加，氨减少
	盲肠内容物和粪便中中氮含量增加
	盲肠内容物氧化还原电位升高
	对麻醉剂反应的改变
循环	血液总量减少
	心输出量减少
	皮肤、肝脏、肺和消化道的血流量减少
	血液中胆固醇水平升高，红细胞数量增加，红细胞生成素增加
肝脏	体积减小
	铁蛋白和胆固醇水平升高
肺脏	肺泡壁和肺泡囊壁较薄
	网状内皮成分减少
肠道形态	小肠总重量减少
	小肠总表面积减少
	小肠绒毛纤细均匀
	回肠绒毛变短，十二指肠绒毛变长
	小肠黏膜固有层变薄，细胞变少，细胞更新变慢
	盲肠增大可达 4 倍～8 倍，盲肠壁变薄
肠道生理学	小肠内渗透压降低
	小肠内氧分压和电位升高
肠道功能	维生素和矿物质的吸收增强，其他摄入物质的吸收改变
	粪便中酶含量改变，胰蛋白酶、糜蛋白酶和转化酶水平升高
	粪便中黏蛋白含量增高
	肠道内容物中脂肪酸减少，没有环状或支链脂肪酸，主要排泄不饱和脂肪酸
内分泌功能	甲状腺对碘的摄取减少
	运动活动减少，对肾上腺素、去甲肾上腺素和加压素具高反应性
电解质状态	更多的碱性盲肠内容物
	尿液中钙和柠檬酸盐含量高，磷酸盐含量低
	肠道内容物中的钠含量略低，氯化物含量低
免疫系统	胸腺和淋巴结处于不活跃状态，脾脏变小
	血清中 IgM、IgG 水平低
	网状内皮系统、淋巴组织发育不良，淋巴小结内缺乏生发中心，产生丙种球蛋白的能力很弱

附　录　B

（资料性附录）

无菌小鼠营养需求

无菌小鼠和普通小鼠的营养需求主要差异见表 B.1，其他指标暂无相关数据。

表 B.1　无菌小鼠和普通小鼠主要营养需求差异

指标	差异
能量	无差异
蛋白	无菌小鼠蛋白需求较普通小鼠低
维生素	无菌小鼠体内不能合成维生素 B 和维生素 K，需要在饲料中额外添加
矿物质	无菌小鼠对钙、镁、锌、铁、铜的需求降低

ICS 65.020.30

B 44

中国实验动物学会团体标准

T/CALAS 121—2022

实验动物　SPF 级小型猪培育技术规程

Laboratory animal - Technical specification for establishment of specific pathogen free minipig

2023-02-01　发布

2023-02-01　实施

中国实验动物学会　发布

前　言

本文件按照 GB/T 1.1—2020《标准化工作导则　第 1 部分：标准化文件的结构和起草规则》的规定起草。

本文件中的附录 A 为规范性附录。

本文件的某些内容可能涉及专利。本文件的发布机构不承担识别专利的责任。

本文件由中国实验动物学会归口。

本文件由全国实验动物标准化技术委员会（SAC/TC281）技术审查。

本文件由中国实验动物学会实验动物标准化专业委员会提出并组织起草。

本文件起草单位：广东省实验动物监测所。

本文件主要起草人：潘金春、王希龙、闵凡贵、袁晓龙、龚宝勇。

实验动物　SPF级小型猪培育技术规程

1　范围

本文件规定了SPF级小型猪培育技术规程的术语和定义、质量控制、配种、剖腹产、仔猪管理、饲养管理、病原监测、生物学特性指标检测、废弃物处理、记录、应用等。

本文件适用于实验动物SPF级小型猪的培育，其他大型实验动物可参照使用。

2　规范性引用文件

下列文件中的内容通过文中的规范性引用而构成本文件必不可少的条款。其中，注日期的引用文件，仅该日期对应的版本适用于本文件；不注日期的引用文件，其最新版本（包括所有的修改单）适用于本文件。

GB 5749	生活饮用水卫生标准
GB 14925	实验动物　环境及设施
GB/T 22914	SPF猪病原的控制与监测
GB/T 39760	实验动物　安乐死指南
T/CALAS 35—2017	实验动物　SPF猪饲养管理指南

3　术语和定义

下列术语和定义适用于本文件。

3.1

实验用小型猪 experimental minipig

经人工饲育，对其携带的病原微生物和寄生虫等实行质量控制，遗传背景明确或者来源清楚，用于科学研究、教学、生产和检定，以及其他科学实验的小型猪。

3.2

无特定病原体小型猪 specific pathogen free（SPF）minipig

不携带所规定的人兽共患病病原，动物烈性传染病病原，对动物危害大、对科学研究干扰大的病原，主要潜在感染或条件致病和对科学实验干扰大的病原的实验用小型猪。简称无特定病原体小型猪或SPF小型猪。

4 质量控制

4.1 种猪筛选

4.1.1 遗传背景

选择遗传背景清楚、资料完整、遗传性状符合品系特征、处于适配年龄的种猪进行配种。

4.1.2 病原检测

对种猪进行病原检测，应尽量排除可以垂直传播的主要病原，选取背景较好的种猪进行配种。

4.2 环境

隔离器、屏障设施应符合 GB 14925 有关指标要求，手术室为正压实验室，应充分消毒后使用。

4.3 各种材料

培育过程中使用的饲料、饮水、人工乳、器械等各种材料，均应充分灭菌或消毒，并对灭菌或消毒结果进行验证。

4.4 母猪消毒

母猪在运输、剖腹产时做好消毒工作，对运输车辆、待产猪舍进行充分消毒。剖腹产时可用 1%过氧乙酸对母猪进行全身喷雾消毒，子宫摘除后放入预先放置 1%过氧乙酸的消毒盆中进行运输。1%过氧乙酸一般现配现用，如需保存应置于冰箱冷藏（2℃～5℃），并且保存时间不超过 6 d。

5 配种

筛选出的种公猪和种母猪平时分开饲养，当种母猪发情时，将种公猪和种母猪赶到同一个栏舍内交配，并记录配种时间。

6 剖腹产

6.1 母猪准备

选定的母猪在孕期 100 d 左右用消毒过的车辆运至待产猪舍。待产猪舍在使用前用 1%过氧乙酸喷雾消毒。进猪后第一天给予饮水，第二天投喂原来所喂饲料并与全价妊娠母猪料混合饲喂，保证母猪和胎儿的正常营养需要。剖腹产前 18 h 内不予给料和饮水，避免手术过程中腹压较大。母猪在孕期 111 d 左右进行手术，观察母猪产前征兆，尽量接近自然顺产时间施行手术。

6.2　麻醉

先采用氯胺酮、丙泊酚等麻醉药进行基础麻醉，再插管上呼吸机，用异氟烷等气体麻醉剂维持麻醉状态。具体麻醉方法参见附录 A。

6.3　手术

按常规步骤对术部剃毛、消毒，沿腹正中线切开下腹，充分暴露子宫，迅速将输卵管、子宫颈结扎，然后全子宫摘除，30 s 内将子宫传进隔离器。

子宫摘除后，母猪按 GB/T 39760 执行安乐死。

6.4　复苏

在隔离器内用手术刀和剪刀破开子宫，迅速取出仔猪，用吸引球吸出口腔、鼻腔的黏液，待仔猪有自主呼吸后再用干纱布擦拭口鼻及全身，并进行断脐、打耳号、称重、断齿等处理。

从子宫结扎到取出仔猪的过程应该迅速，最好控制在 5 min 内。

7　仔猪管理

7.1　隔离器内

7.1.1　温度控制
隔离器内初始温度为 34℃～35℃，以后每周降低 2℃，到 24℃～26℃为止。

7.1.2　饲喂
仔猪取出后 2 h 用奶瓶开始喂食，4 d 内哺乳量按仔猪体重 10%～20% 每天分 6 次饲喂。此后按仔猪体重 15%～20% 每天分 3 次将人工乳加入奶瓶任其采食。1 周后在料盘中加入少量乳猪全价颗粒料诱导仔猪采食。

7.1.3　补充益生菌和铁剂
取出第 3 日给仔猪口服接种益生菌，肌注右旋糖酐铁（100 mg～150 mg 铁/只）；第 15 日～21 日第二次肌注右旋糖酐铁（100 mg～150 mg 铁/只）。

7.2　屏障设施内

7.2.1　转移
仔猪 40 日龄～45 日龄断奶，并用 SPF 运输箱将仔猪从隔离器转移到屏障设施中。

7.2.2　饲喂
按仔猪体重 2%～3% 每天分 2 次投喂饲料，饮水应符合 GB 5749 要求，并经灭菌处理。

8　饲养管理

参照 T/CALAS 35—2017 标准实施饲养管理。

9 病原监测

参照 GB/T 22914 对 SPF 小型猪定期进行病原监测，每 6 个月至少检测一次。不合格动物应及时淘汰。

10 生物学特性指标检测

定期对 SPF 小型猪的生长性能、生理、生化等指标进行检测及统计分析。

11 废弃物处理

SPF 小型猪培育和饲养过程中产生的废弃物应按 GB 14925 的有关要求处理。

12 记录

准确及时记录人员进出、消毒、配种、剖腹产、检测等信息，原始记录和统计分析资料应系统、完整。

13 应用

13.1 应用范围

SPF 小型猪可用于开展特定病原研究、制备特定抗体等对小型猪病原微生物背景要求较高的研究工作。

13.2 应用要点

应用 SPF 小型猪开展相关研究工作时，应注意采取必要措施维持小型猪的 SPF 状态，包括在符合 GB 14925 有关指标要求的屏障环境中饲养动物，运输、饲养管理按 T/CALAS 35 标准执行等。

附 录 A

（规范性附录）

剖腹产麻醉方法

本附录说明了母猪剖腹产过程中的麻醉方法。

A.1 材料

A.1.1 试剂

氯丙嗪、速眠新 2、阿托品、丙泊酚、氯胺酮、异氟烷/异氟醚等。

A.1.2 仪器设备

动物麻醉呼吸机、注射器（5 mL～10 mL）、气管导管（根据小型猪大小选择合适管径的导管，30 kg～40 kg 体重小型猪一般选择管径 7.5 mm 的气管导管）、喉镜等。

A.2 方法

A.2.1 基础麻醉

肌肉注射氯丙嗪（1 mg/kg 体重）、速眠新 2（0.05 mL/kg 体重）、阿托品（0.02 mL/kg～0.05 mL/kg 体重）使动物镇静，然后静脉注射丙泊酚（2 mg/kg～5 mg/kg 体重）使动物麻醉。

也可以直接肌肉注射氯胺酮（10 mg/kg～15 mg/kg 体重）、阿托品（0.02 mL/kg～0.05 mL/kg 体重）。

A.2.2 气管插管

a）将小型猪俯卧在桌面上，头部露出台面。

b）用两根纱布条分别套住上颚和下颚，并分别将上颚向上拉、下颚往下拉，使口腔充分打开。

c）将喉镜插入口腔压住舌根，使会厌部充分暴露，可见气管随呼吸张合。

d）将导管沿喉镜导轨轻轻插入气管，导管头放在口角。

e）用注射器注入约 5 mL～10 mL 空气使气囊膨胀以固定导管，可用纱布将导管头绑在上颚或下颚固定（图 A.1）。

A.2.3 连接呼吸机

连接呼吸机用异氟烷/异氟醚（2 μg/mL～2.5 μg/mL）使动物维持麻醉状态，其他指标设定如下：潮气量 200 mL～300 mL，呼吸次数 15～20 次，氧分压 20 Pa 左右。上述指标根据动物体重大小应有所调整。

A.2.4 关闭麻醉呼吸机

手术结束后，关闭麻醉呼吸机。应使用适量气体麻醉剂，并在使用过程中注意通风。

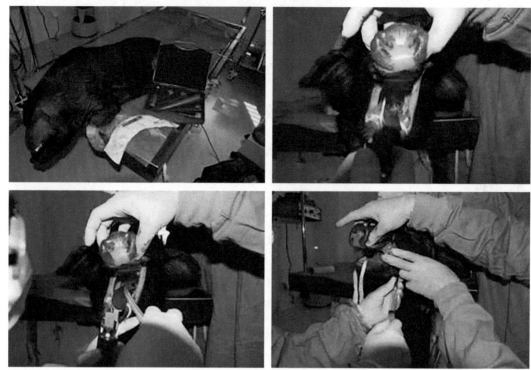

图 A.1 气管插管

参 考 文 献

王美红. 2007. 1%过氧乙酸溶液在不同温度中的稳定性测定. 江西医药, 42(7): 643-644.

ICS 65.020.30

B 44

中国实验动物学会团体标准

T/CALAS 122—2022

实验动物　贵州小型猪

Laboratory animal - Guizhou minipig

2023-02-01　发布　　　　　　　　　　　　　2023-02-01　实施

中国实验动物学会　发布

前　言

本文件按照 GB/T 1.1—2020《标准化工作导则　第 1 部分：标准化文件的结构和起草规则》的规定起草。

本文件中的附录 A、附录 B 为资料性附录，附录 C、附录 D 为规范性附录。

本文件的某些内容可能涉及专利。本文件的发布机构不承担识别专利的责任。

本文件由中国实验动物学会归口。

本文件由全国实验动物标准化技术委员会（SAC/TC281）技术审查。

本文件由中国实验动物学会实验动物标准化专业委员会提出并组织起草。

本文件起草单位：贵州中医药大学、贵州省人民医院。

本文件主要起草人：吴曙光、田维毅、陆涛峰、赵海、吴延军、王荣品、曾宪春、陈明飞、姚刚、张靖、张健。

实验动物　贵州小型猪

1　范围

本文件规定了贵州小型猪的外貌特征、繁殖性能、生长特性，以及遗传学质量控制和微生物学质量控制内容。

本文件适用于贵州小型猪的鉴别、选育、生产和质量控制。

2　规范性引用文件

下列文件对于本文件的应用是必不可少的。凡是注明日期的引用文件，仅注日期的版本适用于本文件。凡是不注日期的引用文件，其最新版本（包括所有的修改单）适用于本文件。

GB 14923	实验动物　遗传质量控制
GB/T 14926.4	实验动物　皮肤病原真菌检测方法
GB/T 14926.8	实验动物　支原体检测方法
GB/T 14926.46	实验动物　钩端螺旋体检测方法
GB/T 16551	猪瘟诊断技术
GB/T 18090	猪繁殖与呼吸综合征诊断方法
GB/T 18448.1	实验动物　体外寄生虫检测方法
GB/T 18448.2	实验动物　弓形虫检测方法
GB/T 18448.6	实验动物　蠕虫检测方法
GB/T 18448.9	实验动物　肠道溶组织内阿米巴检测方法
GB/T 18448.10	实验动物　肠道鞭毛虫和纤毛虫检测方法
GB/T 18638	流行性乙型脑炎诊断技术
GB/T 18641	伪狂犬病诊断方法
GB/T 18642	旋毛虫诊断技术
GB/T 18644	猪囊尾蚴病诊断技术
GB/T 18646	动物布鲁氏菌病诊断技术
GB/T 18647	动物球虫病诊断技术
GB/T 18648—2020	非洲猪瘟诊断技术
GB/T 18935	口蹄疫诊断技术
GB/T 19200	猪水泡病诊断技术
GB/T 19915.1	猪链球菌 2 型平板和试管凝集试验操作规程
GB/T 19915.2	猪链球菌 2 型分离鉴定操作规程
GB/T 19915.3	猪链球菌 2 型 PCR 定型检测技术

GB/T 19915.7	猪链球菌 2 型荧光 PCR 检测方法
GB/T 21674	猪圆环病毒聚合酶链反应试验方法
GB/T 22915	口蹄疫病毒荧光 RT-PCR 检测方法
GB/T 22917	猪水泡病病毒荧光 RT-PCR 检测方法
GB/T 34750	副猪嗜血杆菌检测方法
GB/T 34756	猪轮状病毒病　病毒 RT-PCR 检测方法
T/CALAS 19—2017	实验动物　SPF 猪遗传质量控制
T/CALAS 33—2017	实验动物　SPF 猪微生物学监测
NY/T 3466—2019	实验用猪微生物学等级及监测
NY/T 537	猪传染性胸膜肺炎诊断技术
NY/T 541	兽医诊断样品采集、保存与运输技术规范
NY/T 544	猪流行性腹泻诊断技术
NY/T 545	猪痢疾诊断技术
NY/T 546	猪传染性萎缩性鼻炎诊断技术
NY/T 548	猪传染性胃肠炎诊断技术
NY/T 550	动物和动物产品沙门氏菌检测方法
NY/T 566	猪丹毒诊断技术
NY/T 679	猪繁殖与呼吸综合征免疫酶试验方法
SN/T 1379.1	猪瘟单克隆抗体酶联免疫吸附试验
SN/T 1446.1	猪传染性胃肠炎阻断酶联免疫吸附试验
SN/T 1919	猪细小病毒检疫技术规范
NY/T 1949	隐孢子虫卵囊检测技术 改良抗酸染色法

3 术语和定义

下列术语和定义适用于本文件。

3.1

实验用小型猪 experimental minipig

指经人工饲育，遗传背景明确或来源清楚，12 月龄体重不超过 30 kg，用于科学研究的小型猪。

3.2

贵州小型猪 *Sus scrofa domestica* var. *mino guizhounensis* Yu.

利用从江香猪经过群内选育而成的实验用小型猪品种，具有遗传背景清楚、体质量适中、性情温驯、性成熟早、抗病力强、耐受性好等优点，其心血管系统、免疫系统、消化系统等方面均与人类相似，已广泛应用于心血管疾病、内分泌疾病、烧创伤、衰老机制等研究。

4 品种特性

4.1 外貌特征

4.1.1 贵州小型猪全身被毛黑色,体型微小且匀称,体质结实,四肢有力,双耳两侧伸展或下垂,吻部短粗,横行皱纹深而宽,偶见吻部细长。

4.1.2 贵州小型猪 6 月龄公猪体重 13 kg~18 kg,体长 49 cm~61 cm,体高 30 cm~40 cm。6 月龄母猪体重 14 kg~19 kg,体长 55 cm~65 cm,体高 30 cm~40 cm。

4.1.3 贵州小型猪特征性照片见附录 A。

4.2 繁殖性能

贵州小型猪母猪初情期在 4 月龄~5 月龄,发情持续期 72 h~96 h,发情周期为 21 d;妊娠周期为 114 天,窝产仔数 4 头~10 头,哺乳期 60 天。仔猪平均初生个体质量 0.57 kg,21 d 平均个体质量 2.20 kg,60 d 离乳平均个体质量 4.85 kg。

4.3 生长特性

贵州小型猪公猪、母猪在 4 月龄后生长速度开始加快,在 5 月龄~6 月龄时生长速度达到高峰,7 月龄生长速度逐步下降。与母猪相比,公猪有较低的初始体重、极限体重和月增重,详见附录 B 图 B.1。贵州小型猪 6 月龄体重小于 19.0 kg,6 月龄之后体重增长变缓,体重累积曲线呈现"S"形,详见附录 B 图 B.2。

5 质量控制

5.1 遗传学质量控制

5.1.1 一般要求

种用动物应符合本品种的外貌特征、生长发育、繁殖性能等要求,应来源清楚、遗传背景清晰、谱系记录完整。符合 GB 14923 中 6.1 质量标准。

5.1.2 繁殖方法

贵州小型猪采用封闭群选育方法,按照 GB 14923 附录 B 执行。根据种群大小选择最佳避免近交法、循环交配法和随选交配法进行繁殖,不从外部引进实验动物,保持群体的遗传稳定。按饲养单元留种,同窝选公不选母,或选母不选公。

5.1.3 遗传质量监测

5.1.3.1 监测频率

封闭群贵州小型猪每年至少进行 1 次遗传质量监测。

5.1.3.2 抽样

按照表 1 要求,从封闭群动物中随机抽取非同窝成年贵州小型猪用于检测,雌雄各半。

表 1 封闭群贵州小型猪遗传检测抽样要求

群体大小/头	抽样数量
≤100	不少于 5 头
100～500	不少于 10 头
>500	不少于 15 头

5.1.3.3 检测方法

采用微卫星 DNA 标记检测方法。具体方法参照 T/CALAS 19—2017。

5.1.3.4 结果判定

群体内遗传变异采用平均杂合度指标或群体平衡状态方法进行评价。

当平均杂合度在 0.5～0.7 时，且期望杂合度与观测杂合度经卡方检验无明显差异时，群体为合格的封闭群猪群体。或用群体是否达到平衡状态来判定，如果没有达到平衡状态，说明群体的基因频率或基因型频率发生变化，该封闭群猪群体判为不合格。见附录 C 和附录 D。

5.2 微生物学和寄生虫学质量控制

5.2.1 微生物学等级分类

贵州小型猪按照微生物学等级分为普通级、无特定病原体级和无菌级。

5.2.2 临床观察

外观检查无异常。

5.2.3 微生物检测

5.2.3.1 微生物检测项目

各等级贵州小型猪病原微生物检测项目见表 2。

表 2 各等级贵州小型猪病原微生物检测指标及要求

动物等级	检测指标	检测要求
普通级	非洲猪瘟病毒 African swine fever virus	●
	猪瘟病毒 Classical swine fever virus	▲
	猪繁殖与呼吸综合征病毒 Porcine reproductive and respiratory syndrome virus	▲
	流行性乙型脑炎病毒 Japanese encephalitis virus	▲
	伪狂犬病病毒 Pseudorabies virus	●
	布鲁氏菌 *Brucella* spp.	●
	口蹄疫病毒 Foot and mouth disease virus	▲
	猪链球菌 2 型 *Streptococcus suis* type 2	●
无特定病原体级	猪轮状病毒 Porcine rotavirus	●
	猪圆环病毒 2 型 Porcine circovirus type 2	●
	猪胸膜肺炎放线杆菌 *Actinobacillus pleuropneumoniae*	●
	猪流行性腹泻病毒 Porcine epidemic diarrhea virus	●

续表

动物等级	检测指标	检测要求
无特定病原体级	猪肺炎支原体 Mycoplasmal pneumonia of swine	●
	猪丹毒杆菌 Erysipelothrix rhusiopathiae	●
	猪传染性胃肠炎病毒 Porcine transmissible gastroenteritis virus	●
	猪痢疾短螺旋体 Brachyspira hyodysenteriae	●
	副猪嗜血杆菌 Haemophilus parasuis	○
	支气管败血鲍特菌 Bordetella bronchiseptica	○
	多杀巴斯德菌 Pasteurella multocida	○
无菌级	无任何可查到的细菌	●

注：▲必须检测，CV 级可以免疫。●必须检测，要求阴性。○必要时检测项目。

5.2.3.2 微生物检测方法
检测方法见表 3。

表3 贵州小型猪病原微生物检测方法

微生物检测指标	检测方法
非洲猪瘟病毒 African swine fever virus	GB/T 18648—2020
猪瘟病毒 Classical swine fever virus	GB/T 16551；SN/T 1379.1
猪繁殖与呼吸综合征病毒 Porcine reproductive and respiratory syndrome virus	GB/T 18090；NY/T 679
流行性乙型脑炎病毒 Japanese encephalitis virus	GB/T 18638
布鲁氏菌 Brucella spp.	GB/T 18646
伪狂犬病病毒 Pseudorabies virus	GB/T 18641
口蹄疫病毒 Foot and mouth disease virus	GB/T 18935
猪链球菌 2 型 Streptococcus suis type 2	GB/T 19915.1～3；GB/T 19915.7
副猪嗜血杆菌 Haemophilus parasuis	GB/T 34750
猪轮状病毒 Porcine rotavirus	GB/T 34756
猪圆环病毒 2 型 Porcine circovirus type 2	GB/T 21674
猪胸膜肺炎放线杆菌 Actinobacillus pleuropneumoniae	NY/T 537
猪流行性腹泻病毒 Porcine epidemic diarrhea virus	NY/T 544
猪肺炎支原体 Mycoplasmal pneumonia of swine	GB/T 14926.8
猪丹毒杆菌 Erysipelothrix rhusiopathiae	NY/T 566
猪传染性胃肠炎病毒 Porcine transmissible gastroenteritis virus	NY/T 548
猪痢疾短螺旋体 Brachyspira hyodysenteriae	NY/T 545
猪细小病毒 Porcine parvovirus	SN/T 1919
支气管败血鲍特菌 Bordetella bronchiseptica	NY/T 546
多杀巴斯德菌 Pasteurella multocida	NY/T 546

5.2.4 寄生虫检测
5.2.4.1 寄生虫检测项目
各等级贵州小型猪病原寄生虫检测项目见表 4。

表 4　贵州小型猪体内外寄生虫检测指标

动物级别	寄生虫检测指标
普通级	旋毛虫 *Trichinella*
	囊尾蚴 *Cysticercus*
	弓形体 *Toxoplasma*
	体外寄生虫 Ectoparasites
无特定病原体级	旋毛虫 *Trichinella*
	囊尾蚴 *Cysticercus*
	弓形体 *Toxoplasma*
	体外寄生虫 Ectoparasites
	囊等孢球虫 *Cystoisospora*
	艾美耳球虫 *Eimeria*
	小袋纤毛虫 *Balantidium*
	贾第虫 *Giardia*
	阿米巴原虫 Amoeba
	隐孢子虫 *Cryptosporidium*
	蠕虫 Helminth

5.2.4.2　寄生虫检测方法

各等级贵州小型猪病原寄生虫检测方法见表 5。

表 5　贵州小型猪体内外寄生虫检测方法

寄生虫检测指标	检测方法
旋毛虫	GB/T 18642
囊尾蚴	GB/T 18644
弓形体	GB/T 18448.2
体外寄生虫	GB/T 18448.1
囊等孢球虫	GB/T 18647
艾美耳球虫	GB/T 18647
小袋纤毛虫	GB/T 18448.10
贾第虫	GB/T 18448.10
阿米巴原虫	GB/T 18448.9
隐孢子虫	NY/T 1949
蠕虫	GB/T 18448.6

5.2.5　检测程序

参照 T/CALAS 33—2017 执行。

5.2.6　检测规则

每 6 个月至少检测一次。新建实验猪场应每 2 个月检测一次，一年内全部合格方视为合格。上次抽检不合格的猪场应每 2 个月检测一次，连续 3 次检测合格方视为合格。

5.2.7 结果判定

5.2.7.1 抗体检查

免疫项目，群体免疫合格率≥70%，判为合格。

非免疫项目，血清抗体阴性判为合格。

5.2.7.2 抗原和核酸检查

未见阳性结果判为合格。

5.2.8 判定结论

所有项目的检测结果均合格，判为符合相应的等级标准。否则，判为不符合相应的等级标准。

附 录 A

（资料性附录）

贵州小型猪外貌特征

图 A.1　贵州小型猪（成年，雌性）

图 A.2　贵州小型猪（成年，雄性）

附 录 B

（资料性附录）

贵州小型猪生长曲线

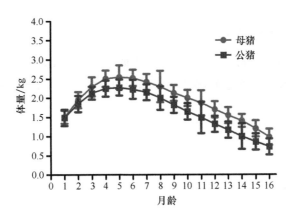

图 B.1　贵州小型猪生长速度曲线

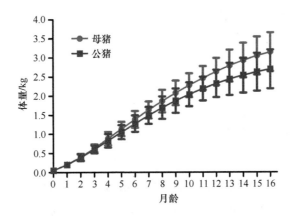

图 B.2　贵州小型猪体重累积生长曲线

附 录 C

（规范性附录）

近交系贵州小型猪的微卫星 DNA 标记检测方法

C.1 微卫星分子标记检测的原理

采集近交系贵州小型猪的血液或耳组织，提取基因组 DNA。对特定的微卫星标记座位进行 PCR 扩增，通过遗传分析仪检测各座位基因的峰形和大小，确定各近交系的微卫星标记的遗传概貌。

C.2 仪器设备

C.2.1 常压电泳仪。

C.2.2 4℃、−20℃冰箱。

C.2.3 低温高速离心机。

C.2.4 水浴锅。

C.2.5 感量为 0.0001 g 的分析天平。

C.2.6 pH 计。

C.2.7 紫外分光光度仪。

C.2.8 PCR 仪。

C.2.9 遗传分析仪。

C.3 微卫星 DNA 标记检测方法

C.3.1 样本的采集

    C.3.1.1 耳静脉或前腔静脉采血 2 mL，加等量的血液裂解液。

    C.3.1.2 采集大小＞0.5 g 的耳组织样，放入 75%乙醇保存。

C.3.2 基因组 DNA 的提取

用苯酚氯仿法或试剂盒提取基因组 DNA。

C.3.3 微卫星标记位点

用 10 个分布于猪单倍体 10 条主要染色体上的微卫星位点检测近交系贵州小型猪的遗传概貌（表 C.1）。

C.3.4 PCR 扩增

    C.3.4.1 PCR 扩增的体系

PCR 总反应体积为 15 μL，其中含 1×PCR buffer, 200 μmol/L dNTPs, 各 400 pmol/L 的上下游引物，$MgCl_2$, 0.1 μL（5 U/μL）的 TaqTM, 100 ng 的基因组 DNA。PCR 反应程序为 94℃, 4 min; 94℃, 30 s; 退火, 30 s; 72℃, 30 s。30 个循环, 72℃ 延伸 7 min。

C.3.4.2　PCR 产物的检测

PCR 产物，以 2%的琼脂糖检测扩增效率。凝胶成像系统记录检测结果。

C.3.5　个体基因型的判定

C.3.5.1　PCR 产物的变性

根据琼脂糖检测的结果，对 PCR 产物进行稀释。若 2%的琼脂糖检测的条带亮度基本相同，即 PCR 的扩增效率基本相同，则 FAM、HEX、TAMRA 三种标记的三个位点的 PCR 产物分别取 1 μL 混合，加到每孔含 8.5 μL 的甲酰胺和内标的 96 孔板上（860 μL 甲酰胺加 10 μL 内标，混匀，分装到 96 孔板上），95℃变性 5 min，迅速放在冰上。待 96 孔板降温后，用铝箔纸包好，4℃保存备用。

C.3.5.2　基因型的判定

含变性后的 PCR 产物的 96 孔板放入遗传分析仪内进行分析，原始峰图用基因分型软件进行分析，确定特定位点各个体的峰形和大小，判定个体的基因型。

C.3.6　结果判定

所有样品检测位点的等位基因都符合品系的特征（表 C.2），没有新的等位基因出现为合格贵州小型猪近交系，否则判为不合格。

C.4　结果报告

根据判定结果对被检测的贵州小型猪群体做出检测报告。

表 C.1　各微卫星座位的染色体位置、等位基因数、等位基因范围、荧光标记、两侧引物序列（左侧：F，右侧：R）、退火温度和 Mg^{2+}浓度

座位名称	染色体位置	等位基因数	等位基因范围/bp	5'荧光标记	引物序列 5'→3'	退火温度/℃	Mg^{2+}浓度/（mmol/L）
CGA	1q	12	250～320	FAM	F-ATA GAC ATT ATG TAA GTT GCT GAT R-GAA CTT TCA CAT CCC TAA GGT CGT	55	2.5
SW240	2p	8	96～115	TAMRA	F-AGA AAT TAG TGC CTC AAA TTG G R-AAA CCA TTA AGT CCC TAG CAA A	55	1.5
SW72	3p	8	100～116	TAMRA	F-ATC AGA ACA GTG CGC CGT R-GTT TGA AAA TGG GGT GTT TCC	55	1.5
S0005	5q	10	205～248	FAM	F-TCC TTC CCT CCT GGT AAC TA R-GCA CTT CCT GAT TCT GGG TA	55	3.0
S0090	12q	4	244～251	TAMRA	F-CCA AGA CTG CCT TGT AGG TGA ATA R-GCT ATC AAG TAT TGT ACC ATT AGG	55	1.5

续表

座位名称	染色体位置	等位基因数	等位基因范围/bp	5′荧光标记	引物序列 5′→3′	退火温度/℃	Mg²⁺浓度/（mmol/L）
SW769	13	7	106~140	HEX	F-GGT ATG ACC AAA AGT CCT GGG R-TCT GCT ATG TGG GAA GAA TGC	55	3.0
SW857	14	6	144~160	TAMRA	F-TGA GAG GTC AGT TAC AGA AGA CC R-GAT CCT CCT CCA AAT CCC AT	55	1.5
S0355	15	14	243~277	HEX	F-TCT GGC TCC TAC ACT CCT TCT TGA TG R-GTT GGG TGG GGT GCT GAA AAA TAG GA	55	3.0
SW24	17	8	96~121	FAM	F-CTT GGT GTG GAG TGT GTG C R-ATC CAA ATG CTG CAA GCG	55	1.5
S0218	X	8	164~184	TAMRA	F-GTG TAG GCT GGC GGT TGT R-CCC TGA ACC CTA AAG CAA AG	55	1.5

表 C.2　贵州小型猪培育过程中，遗传质量控制的微卫星座位及优势等位基因

群体	等位基因	座位	等位基因	座位	等位基因	座位	等位基因	座位	等位基因	座位	等位基因	座位	等位基因	座位	等位基因	座位	等位基因	座位	等位基因	座位
贵州小型猪	271	0.011	105	0.291	156	0.167	202	0.558	96	0.227	252	0.183	102	0.170	247	0.045	181	0.151	100	0.114
	283	0.136	121	0.267	160	0.452	204	0.244	102	0.182	254	0.098	112	0.625	249	0.580	187	0.186	104	0.114
	285	0.364	129	0.093	166	0.202	214	0.186			272	0.110	118	0.045	253	0.375	195	0.023	108	0.216
	305	0.295	133	0.151							274	0.341					197	0.500	112	0.136
			139	0.081																
			145	0.116																
等位基因频率合计		0.806		0.999		0.821		0.988		0.409		0.732		0.840		0.100		0.860		0.580

附 录 D

（规范性附录）

贵州小型猪的微卫星DNA标记检测方法

D.1 基因组DNA的提取

用苯酚氯仿法或试剂盒提取基因组 DNA。

D.2 微卫星位点

用25个分布于猪17条常染色体和X性染色体上的微卫星位点检测封闭群小型猪的遗传概貌。各微卫星位点的名称、引物序列、染色体位置、等位基因数、PCR反应的退火温度、Mg^{2+}浓度及等位基因分布范围见表C.1。

D.3 PCR扩增

D.3.1 PCR扩增的体系

PCR总反应体积为15 μL，其中含 10×PCR buffer 1.5 μL，上下游引物（100 pmol/μL）各 1 μL，4×dNTP 100 μmol/L 1μL，1U *Taq* 酶1μL，50 ng～100 ng 基因组 DNA1 μL，双蒸水（ddH_2O）8.5 μL。PCR反应程序为：95℃预变性，4 min；94℃变性，30 s；退火温度（各位点退火温度参见表D.1），30 s；72℃延伸，30 s；35个循环；72℃继续延伸 7 min；扩增产物4℃保存。

D.3.2 PCR产物的检测

PCR产物，经1.5%的琼脂糖凝胶电泳及凝胶成像系统拍照检测扩增结果。

D.3.3 扩增产物的STR扫描

扩增产物经过琼脂糖凝胶电泳检测确保扩增出目的片段后，选择分别以 FAM、HEX、TAMRA标记的三个位点的扩增产物，以 1∶3∶5 体积比混合，取 1 μL 上样进行 STR 扫描。

D.3.4 STR扫描结果的判读与统计分析

D.3.4.1 STR扫描结果的判读

扫描结果出现两种波形：一种为纯合基因型，只有一个主波；另一种为杂合基因型，有两个主波。同时，根据软件读出波峰处的扩增产物的 bp 数。

由基因分型软件读出每个样本在每个微卫星位点的扩增片段大小。每个位点的等位基因根据扩增片段从小到大顺序排列记录为 a、b、c、d 等。

D.3.4.2 运用群体遗传分析软件对数据进行统计分析

将所有样本的每个微卫星位点的基因型以 ab、bb 等形式输入群体遗传分析软件的数据文件，计算样品在各微卫星位点上的基因频率、平均观察等位基因数、平均有效等位基因数（Ne）、香农指数、平均杂合度（H）等。

D.4 结果判定

平均杂合度在 0.5～0.7 时，且期望杂合度与观测杂合度经卡方检验无明显差异时，群体为合格的封闭群贵州小型猪群体。或者，首先得到各个位点上各基因频率、基因型频率的实际值，然后可计算出基因频率和基因型频率的预期值。用实际值和预期值比较，通过卡方检验，可知被监测群体是否达到平衡状态。如果没有达到平衡状态，说明群体的基因频率或基因型频率发生变化，该封闭群贵州小型猪群体判为不合格。

D.5 结果报告

根据判定结果对被检测的封闭群贵州小型猪群体做出检测报告。

表 D.1 各微卫星座位的染色体位置、等位基因数、等位基因范围、引物序列、Mg^{2+}浓度和退火温度

座位名称	染色体位置	等位基因数	等位基因范围/bp	引物序列 5′→3′	Mg^{2+}浓度/（mmol/L）	退火温度/℃
SW974	1	17	129～175	GGTGAAGTTTTTGCTTTGAACC GAAAGAAATCCAAATCCAAACC	2.0	58
S0091	2	14	96～174	TCTACTCCAGGAGATAAGCCAGAT CAGTGACTCCATGCACAGTTATGA	1.5	55
SW240	2	11	92～114	AGAAATTAGTGCCTCAAATTGG AAACCATTAAGTCCCTAGCAAA	1.5	58
SW1066	3	19	166～214	GCAGGATGAACCACCCTG CTCTTGAGGCAACCTGCTG	2.0	60
SW1089	4	10	142～190	TTTTCCCCTTCACTCACCC GATCAAAGTCCCTTACTCCGG	1.5	58
S0005	5	11	204～244	TCCTTCCCTCCTGGTAACTA GCACTTCCTGATTCTGGGTA	2.0	54
SW1057	6	14	142～191	TCCCCTGTTGTACAGATTGATG TCCAATTCCAAGTTCCACTAGC	2.0	58
SW632	7	9	148～173	TGGGTTGAAAGATTTCCCAA GGAGTCAGTACTTTGGCA	2.0	54
OPN	8	12	138～170	CCAATCCTATTCACGAAAAAGC CAACCCACTTGCTCCCAC	2.0	59
SW29	8	12	133～187	AGGGTGGCTAAAAAAGAAAAGG ATCAAATCCTTACCTCTGCAGC	2.0	61
SW911	9	14	151～178	CTCAGTTCTTTGGGACTGAACC CATCTGTGGAAAAAAAAGCC	2.0	60
SW511	9	12	161～196	AAGCAGGAATCCCTGCATC CCCAGCCACCAGTCTGAC	1.5	62
SWr158	10	18	158～200	TCCAATTCAACTCCTGGCTC GAATGTGCACATACCACATGC	2.0	60
SW951	10	14	108～142	TTTCACAACTCTGGCACCAG GATCGTGCCCAAATGGAC	1.5	58
SW271	11	13	111～144	TTCCAGTGGCTTTCTGTGC CATTCATTCCCAGTGAAACTTG	1.5	58
S0386	11	12	155～178	TCCTGGGTCTTATTTTCTA TTTTTATCTCCAACAGTAT	2.0	48
S0068	13	10	210～256	CCTTCAACCTTTGAGCAAGAAC AGTGGTCTCTCTCCCTCTTGCT	2.0	62

续表

座位名称	染色体 位置	等位 基因数	等位基因 范围/bp	引物序列 5′→3′	Mg^{2+}浓度/ （mmol/L）	退火 温度/℃
SWr1008	13	16	98～256	ACAGCCACCAACAGTGTTTG GAACTTCCATATGCTGCAAGTG	2.0	62
S0007	14	15	142～192	TTACTTCTTGGATCATGTC GTCCCTCCTCATAATTTCTG	2.0	54
SW857	14	16	129～173	TGAGAGGTCAGTTACAGAAGACC GATCCTCCTCCAAATCCCAT	2.0	58
SWr312	15	11	116～136	ATCCGTGCGTGTGTGCAT CTGGTGGCTACAGTTCCGAT	1.5	64
SW81	16	8	128～144	GATCTGGTCCTGCACAGGG GGGGCTCTCAGGAAGGAG	1.5	60
SWr1120	17	11	147～178	CAAATGGAACCCATTACAGTCC ACTCCTAGCCCAGGAGCTTC	1.5	60
S0062	18	12	144～204	AAGATCATTTAGTCAAGGTCACAG TCTGATAGGGAACATAGGATAAAT	2.0	56
S0218	X	11	158～196	GTGTAGGCTGGCGGTTGT CCCTGAAACCTAAAGCAAAG	1.5	54

ICS 65.020.30

B 44

中国实验动物学会团体标准

T/CALAS 123—2022

实验动物　缺血性脑卒中啮齿类动物 模型评价规范

Laboratory animal - Specification for evaluation of rodent ischemia-stroke models

2023-02-01　发布　　　　　　　　　　　　　　2023-02-01　实施

中国实验动物学会　发布

前　　言

本文件按照 GB/T 1.1—2020《标准化工作导则　第 1 部分：标准化文件的结构和起草规则》的规定起草。

本文件的某些内容可能涉及专利。本文件的发布机构不承担识别专利的责任。

本文件由中国实验动物学会归口。

本文件由全国实验动物标准化技术委员会（SAC/TC281）技术审查。

本文件由中国实验动物学会实验动物标准化专业委员会提出并组织起草。

本文件起草单位：中国医学科学院医学实验动物研究所、中国医学科学院基础医学研究所。

本文件主要起草人：孟爱民、刘雁勇、管博文、何君、孔琪、王卫、魏强。

实验动物 缺血性脑卒中啮齿类动物模型评价规范

1 范围

本文件规定了缺血性脑卒中啮齿类动物模型评价规范，包括基本原理、主要设备、制备方法、模型评价和结果判定。

本文件适用于缺血性脑卒中科学研究中对动物神经功能和脑组织损伤模型的评价。

2 规范性引用文件

下列标准所包含的条文，通过在本文件中引用而构成为本文件的条文。

GB/T 35892—2018 实验动物 福利伦理审查指南

3 术语和定义

下列术语和定义适用于本文件。

3.1

缺血性脑卒中 ischemic stroke

由于脑的供血动脉（颈动脉和椎动脉）狭窄或闭塞、脑供血不足导致的脑组织坏死的总称。

3.2

大脑中动脉栓塞 middle cerebral artery occlusion

内源性、外源性栓子导致大脑中动脉阻塞。

3.3

缺血再灌注损伤 ischemia-reperfusion injury

组织器官缺血后重新得到血液再灌注后，不能使组织、器官功能恢复，反而加重组织、器官的功能障碍和结构损伤。

4 缩略语

下列缩略语适用于本文件。

HE 苏木精-伊红染色（hematoxylin-eosin staining）

MCAO 大脑中动脉栓塞（middle cerebral artery occlusion）

mNSS 改良神经功能缺损评分（modified neurological severity scores）

MRI 核磁共振成像（magnetic resonance imaging）

PFA 多聚甲醛固定液（paraformaldehyde）

TTC 氯化三苯基四氮唑（2, 3, 5-triphenyltetrazolium chloride）

T2WI T2 加权成像（T2 weighted imaging）

5 基本原理

用手术或者非手术方法引起脑组织短暂或者持久性脑缺血，脑缺血后不同的时间出现行为障碍和脑梗死。大脑中动脉梗塞引起大脑皮层和基底核缺血性损伤，以海马和纹状体最为敏感，和人的病理改变类似。短暂性脑缺血再灌注则可引起再灌注损伤。

6 主要设备

6.1 手术器械。

6.2 37℃恒温摇床。

6.3 数码相机及 Image J 图像分析系统。

6.4 −20℃冰箱。

6.5 激光多普勒血流仪。

6.6 7T 磁共振成像设备。

7 制备方法

7.1 动物实验应符合 GB/T 35892—2018，并经过 IACUC 审批。

7.2 模型制备人员应经过麻醉及手术培训，保证模型一致性。

7.3 宜选用 SPF 级大鼠、小鼠等作为造模动物。

8 模型评价

8.1 行为学评分

8.1.1 longa 评分

动物清醒后进行 longa 评分，评分分为 5 个等级（表 1）。1 分~3 分纳入可用动物模型。

表 1 longa 评分等级

评分	内容
0 分	正常，无神经功能缺损
1 分	轻度神经功能缺损，左侧前爪不能完全伸展
2 分	中度神经功能缺损，行走时，动物向左侧（瘫痪侧）转圈
3 分	重度神经功能缺损，行走时动物身体向左侧（瘫痪侧）倾倒
4 分	不能自发行走，意识丧失

8.1.2 mNSS 评分

a）在造模后 1 d、3 d、7 d、14 d、21 d、28 d 应用 mNSS（表 2）盲法观察记录，进

行评价。

表2　mNSS 评分表

项目	评分	合计
运动实验		6
提尾实验		
前肢弯曲	1	
后肢弯曲	1	
30 s 内头部向垂直轴转动角度＞10°	1	
行走实验（正常值=0；最大值=3）		
正常行走	0	
无法直走	1	
向患侧转圈	2	
向患侧倾倒	3	
感觉实验		2
放置实验（视觉及触觉测试）	1	
本体感觉实验（将爪子推到桌沿刺激肢体肌肉）	1	
平衡木实验（正常值=0；最大值=6）		6
保持平衡	0	
抓住平衡木的边缘	1	
抱着横梁，一条腿从横梁上掉落	2	
抱着横梁，两条腿从横梁上掉落，或在平衡木上旋转（＞60s）	3	
试图在横梁上保持平衡，但却摔落（＞40s）	4	
试图在横梁上保持平衡，但却摔落（＞20s）	5	
从横梁上掉落，不曾试图保持平衡或抓住横梁（＜20s）	6	
反射缺失和异常运动（正常值=0；最大值=4）		4
耳郭反射（刺激外耳道时摇头）	1	
角膜反射（用棉花轻轻接触角膜时眨眼）	1	
惊吓反射（用手快速轻拍硬纸板，看其是否有运动反应）	1	
癫痫、肌肉痉挛、肌张力障碍	1	
共计		18

b）共计 18 分，评分越高，损伤越重（表3）。一般中度程度损伤用于评价模型。

表3　mNSS 评分等级

评分	内容
0 分	正常，无神经功能缺损
1 分~6 分	轻度神经功能缺损
7 分~12 分	中度神经功能缺损
13 分~18 分	重度神经功能缺损

8.1.3 平衡木行走时间测定

a）平衡木行走时间测定用于评价动物运动平衡功能。

b）测试前动物每天训练 1 次，连续训练 2 d。

c）记录动物四肢均通过整个平衡木的时间；超过 120 s 未通过整个平衡杆或从平衡杆跌落记为 120 s。

8.1.4 贴纸去除时间测定

a）贴纸去除测定用以评价动物前肢感觉功能。

b）观察并记录动物去除 2 只前爪粘纸片的总时间，若 120 s 内未去除纸片，记为 120 s。

c）注意保持环境安静。

8.2 病理学评价

a）应用 TTC 法检测脑梗死体积。经 TTC 染色后，大体病理观察可见：正常组织呈红色，梗死组织未被染色而呈白色。脑片放入 4%PFA 中固定后拍照。拍照后进行常规 HE 染色。使用图像分析系统计算各切面非梗死侧正常脑组织面积和梗死侧正常脑组织面积。

b）梗死体积为梗死面积之和与脑片厚度（2 mm）的乘积，采用相对脑梗死体积对大脑梗死情况进行描述（表 4）。

$$相对脑梗死体积(\%) = \frac{(非梗死侧正常脑组织体积 - 梗死侧正常脑组织体积)}{非梗死侧正常脑组织体积}(\%)$$

表 4　梗死损伤分级

分级	相对梗死体积
轻度	<15%
中度	15%～35%
重度	35%～60%

c）脑组织 HE 染色，梗死区脑组织镜下显示纹状体和皮层神经细胞的丢失形成空泡样结构，并出现脑水肿、胶质细胞增生和脑血管扩张等病理改变。

8.3 脑血流监测

a）建模手术期间可应用激光多普勒血流仪检测脑血流。

b）探头放置位置对应在大脑中动脉供血区。

c）大脑中动脉梗塞期间脑血流下降至基线的 30%，再灌注期间脑血流恢复至基线 70% 以上，表明模型制备成功。

8.4 脑核磁检测

a）造模后不同时间点可以进行动物脑核磁检测。

b）用动物专用线圈接收，进行 T2 加权扫描。

c）对 T2WI 序列显示脑梗死异常信号范围进行人工勾画，计算梗死体积。

9　结果判定

9.1　术后应用 longa 评分法进行模型分级。可用脑血流图术中监测及术后不同时间点脑组织核磁检测辅助评价。

9.2　术后应用 mNSS 检测及脑组织 TTC 检测进行机制研究和治疗效果的评价。可在不同时间点进行平衡木行走时间测定、贴纸去除时间测定、脑组织核磁检测辅助评价。

参 考 文 献

Fisher M, Feuerstein G, Howells DW, Hurn PD, Kent TA, Savitz SI, Lo EH; STAIR Group. 2009. Update of the stroke therapy academic industry roundtable preclinical recommendations. Stroke , 40(6): 2244-2250.

Kilkenny C, Browne WJ, Cuthill IC, Emerson M, Altman DG. 2010. Improving bioscience research reporting: the ARRIVE guidelines for reporting animal research. PLoS Biol, 8(6): e1000412.

Li Y, Zhang J. 2021. Animal models of stroke. Animal Model Exp Med, 4(3): 204-219.

Liu S, Zhen G, Meloni BP, Campbell K, Winn HR. 2009. Rodent stroke model guidelines for preclinical stroke trials (1st edition). J Exp Stroke Transl Med, 2(2): 2-27.

Percie du Sert N, Alfieri A, Allan SM, Carswell HV, Deuchar GA, Farr TD, Flecknell P, Gallagher L, Gibson CL, Haley MJ, Macleod MR, McColl BW, McCabe C, Morancho A, Moon LD, O'Neill MJ, Pérez de Puig I, Planas A, Ragan CI, Rosell A, Roy LA, Ryder KO, Simats A, Sena ES, Sutherland BA, Tricklebank MD, Trueman RC, Whitfield L, Wong R, Macrae IM. 2017. The IMPROVE Guidelines (Ischaemia Models: Procedural Refinements of in Vivo Experiments). J Cereb Blood Flow Metab, 37(11): 3488-3517.

Stroke Therapy Academic Industry Roundtable (STAIR). 1999. Recommendations for standards regarding preclinical neuroprotective and restorative drug development. Stroke, 30(12): 2752-2758.

ICS 65.020.30

B 44

中 国 实 验 动 物 学 会 团 体 标 准

T/CALAS 124—2022

实验动物　猴痘病毒核酸检测方法

Laboratory animal - Nucleic acid detection of monkeypox virus

2023-02-01　发布 　　　　　　　　　　　　　　　　2023-02-01　实施

中国实验动物学会　发布

前　　言

本文件按照 GB/T 1.1—2020《标准化工作导则　第 1 部分：标准化文件的结构和起草规则》的规定起草。

本文件中的附录 A 为资料性附录。

本文件的某些内容可能涉及专利。本文件的发布机构不承担识别专利的责任。

本文件由中国实验动物学会归口。

本文件由全国实验动物标准化技术委员会（SAC/TC281）技术审查。

本文件由中国实验动物学会实验动物标准化专业委员会提出并组织起草。

本文件起草单位：中国医学科学院医学实验动物研究所、中国海关科学技术研究中心、中国科学院昆明动物研究所、广州奇辉生物科技有限公司、中国食品药品检定研究院、国家食品药品监督管理局药品审评中心。

本文件主要起草人：向志光、汪琳、吕龙宝、朱奇、付瑞、尹华静、郭智、赵相鹏、金洁、李晓波、佟巍、魏强、王庆利、李丽红、张飞燕、秦川。

实验动物　猴痘病毒核酸检测方法

1　范围

本文件规定了实验动物猴痘病毒核酸检测方法，包括检测方法原理、主要设备和耗材、试剂、检测方法、结果判定。

本文件适用于实验动物及其产品、细胞培养物、实验动物环境和动物源性生物制品中的猴痘病毒核酸检测。

2　规范性引用文件

下列文件中的内容通过文中的规范性引用而构成本文件必不可少的条款。凡是注明日期的引用文件，仅注日期的版本适用于本文件。凡是不注日期的引用文件，其最新版本（包括所有的修改单）适用于本文件。

GB 14922　　　　　　实验动物　微生物、寄生虫学等级及监测

GB/T 14926.42　　　实验动物　细菌学检测　标本采集

GB/T 19495.2　　　　转基因产品检测　实验室技术要求

GB 19489　　　　　　实验室　生物安全通用要求

T/CALAS 61—2018　　实验动物　病原核酸检测技术要求

3　缩略语

下列缩略语适用于本文件。

CPE　　　　致细胞病变效应（cytopathic effect）

Ct 值　　　循环阈值（cycle threshold）

DNA　　　　脱氧核糖核酸（deoxyribonucleic acid）

PBS　　　　磷酸盐缓冲液（phosphate buffered saline）

PCR　　　　聚合酶链式反应（polymerase chain reaction）

RT-PCR　　实时荧光聚合酶链式反应（real-time fluorescence PCR）

SPV　　　　猴痘病毒（monkeypox virus；simian pox virus，SPV）

4　检测方法原理

在常规 PCR 的基础上，在反应体系中加入特异性荧光探针，利用荧光信号积累实时检测整个 PCR 进程，通过检测每次循环中的荧光发射信号，间接反映了 PCR 扩增的目标基因的量，最后通过扩增曲线对未知模板进行定性或定量分析。

5　主要设备和耗材

5.1　设备

5.1.1　荧光定量 PCR 仪。

5.1.2　高速冷冻离心机。

5.1.3　漩涡振荡器。

5.1.4　组织匀浆器或研磨器。

5.1.5　生物安全柜。

5.1.6　冰箱（−20℃、−80℃、2℃～8℃）。

5.1.7　微量移液器（0.1 μL～2 μL、1 μL～10 μL、10 μL～100 μL、100 μL～1000 μL）。

5.2　材料

5.2.1　无 DNase/RNase 的离心管（1.5 mL、2 mL、5 mL、15 mL），无 DNase/RNase 的吸头（10 μL、200 μL、1 mL），无 DNase/RNase 的 PCR 扩增反应管（0.2 mL，八连管或 96 孔板）。

5.2.2　聚乙烯薄膜袋：90 mm×150 mm 自封袋，使用前紫外灭菌 20 min。

5.2.3　采样工具：剪刀、镊子和灭菌棉拭子等。

6　试剂

6.1　灭菌 PBS 或细胞培养基或其他等效产品。

6.2　DNA 提取试剂盒或其他等效产品。

6.3　无水乙醇。

6.4　无核酸酶去离子水。

6.5　实时荧光 RT-PCR 试剂：商品化的试剂盒或其他等效产品。

6.6　引物和探针：本标准用于实时荧光 RT-PCR 实验的引物 5 对。

　　实验时选择使用 RT-PCR 其中正痘病毒属 *Orthopoxvirus* 通用引物可对正痘病毒属病毒进行筛查，使用 Monkeypox virus 特异引物（1）或（2）对猴痘病毒进行确认；需要进行分型时，可采用 Monkeypox virus 西非株分型引物和 Monkeypox virus 刚果株分型引物进行验证。必要时可选择经过验证的其他引物进行结果验证。引物来源位置见附录 A.1。

　　根据实验需要选择适当的方法后根据下表提供的序列合成引物、探针，引物和探针以无核酸酶去离子水配制成 10 μmoL/L 储备液，−20℃保存。

　　RT-PCR 扩增引物，具体见表 1。本标准中所列为经过验证的有效引物，可采用其他引物组合，但应进行技术方法确认。

表 1　RT-PCR 扩增引物

引物/探针名称		引物和探针序列（5′→3′）
Orthopoxvirus 通用引物	正向引物	5-TCAACTGAAAAGGCCATCTATGA-3
	反向引物	5-GAGTATAGAGCACTATTTCTAAATCCCA-3
	探针	5-CCATGCAATATACGTACAAGATAGTAGCCAAC-3
Monkeypox virus 特异引物（1）	正向引物	5-ATTGGTCATTATTTTTGTCACAGGAACA-3
	反向引物	5-AATGGCGTTGACAATTATGGGTG-3
	探针	5-AGAGATTAGAAATA-3
Monkeypox virus 特异引物（2）	正向引物	5-GGAAAATGTAAAGACAACGAATACAG
	反向引物	5-GCTATCACATAATCTGGAAGCGTA
	探针	5-AAGCCGTAATCTATGTTGTCTATCGTGTCC-3
Monkeypox virus 西非株分型引物	正向引物	5-CACACCGTCTCTTCCACAGA-3
	反向引物	5-GATACAGGTTAATTTCCACATCG-3
	探针	5-AACCCGTCGTAACCAGCAATACATTT-3
Monkeypox virus 刚果株分型引物	正向引物	5-TGTCTACCTGGATACAGAAAGCAA-3
	反向引物	5-GGCATCTCCGTTTAATACATTGAT-3
	探针	5-CCCATATATGCTAAATGTACCGGTACCGGA-3

注：探针两侧分别标记如 FAM 和 BHQ-1 荧光报告基团和荧光淬灭基团。

6.7　除特别说明外，所有实验用试剂均为分析纯；实验用水为去离子水。

7　检测方法

7.1　生物安全措施

实验操作及处理按照 GB 19489 要求，由经过生物安全培训并获得工作授权的工作人员进行相应操作。样品采集和处理过程可在 BSL-2 实验室进行，设计病原分离和培养的操作在 BSL-3 实验室进行。

7.2　样本采集与处理

采样过程中样本应防止交叉污染，采样及样品前处理过程中应戴一次性手套、口罩，做好个人防护。可参考 T/CALAS 61—2018 执行。

检测过程，样本废物处置、核酸检测后样本的处置等按照 GB/T 19495.2 中的要求执行。

7.2.1　实验动物样本采集

7.2.1.1　动物保定，无菌采集动物病料处样品，包括动物皮肤病变标本，病变皮疹、痘疱表面、痘疱液、痘痂，以及咽拭子、血液标本等。样品采集方法参考 GB/T 14926.42 执行。

7.2.1.2　组织样品 100 mg 于无菌离心管，加入灭菌 PBS 或细胞培养基，充分匀浆，12 000 g 离心 5 min，取上清液转入另一无菌离心管中，分装，编号备用。血液样品采集后低温保藏。

7.2.2 细胞培养物采集

7.2.2.1 方法一：直接刮取样品接种后出现 CPE 或可疑的细胞培养物于 15 mL 离心管中，3000 g 离心 10 min，去上清，加 1 mL 灭菌 PBS 重悬细胞，然后将细胞悬液转移到无菌 1.5 mL 离心管中，编号备用。

7.2.2.2 方法二：将样品接种后出现 CPE 或可疑的细胞培养物反复冻融三次，细胞混悬液转移于 15 mL 离心管中，12 000 g 离心 10 min，去细胞碎片，上清液转移到无菌 15 mL 离心管中，分装，编号备用。

7.2.3 实验动物环境

7.2.3.1 实验动物设施内设备

用灭菌棉拭子拭取实验动物设施内关键设备（如离心机等）表面，将拭子置入灭菌 15 mL 离心管，加入适量灭菌 PBS，室温浸泡 5 min～10 min，充分混匀，取出棉拭子，将离心管于 4℃、12 000 g 离心 10 min，取上清液转入另一无菌 5 mL 离心管中，分装，编号备用。

7.2.3.2 设施、设备空气中的样品

可使用气体采集装置进行气体采集，采集气体的体积不小于 500 L，使用培养基或是等同的试剂回收空气中的微生物样品，回收液体体积不大于 5 mL；或是使用固体培养基，利用撞击采样等方式，采集其中的微生物。

7.2.4 动物源性生物制品

动物源性生物制品样品可参考实验动物组织样品或细胞培养物样品的要求，通过匀浆等方式进行样品均质化处理。

7.2.5 样本的运输与存放

本部分可参考 T/CALAS 61—2018《实验动物 病原核酸检测技术要求》。

采集或处理的样本一般要求蓝冰运输（2℃～8℃）和冷冻保存（−20℃或−80℃），在 2℃～8℃条件下不应超过 24 h，长期保存须放置超低温冰箱，但应避免反复冻融（冻融不超过 3 次）。

7.3 样品 DNA 提取

本部分可参考 GB/T 19495.2 有关要求。

常规方法或试剂盒方法提取 DNA 样品。制备 DNA 样品时避免样品间的交叉污染。制备好的 DNA 宜尽快进行下一步实验，若暂时不能进行，则保存于超低温冰箱备用。

7.4 实时荧光 RT-PCR

7.4.1 猴痘病毒实时荧光 RT-PCR 检测可采用不同公司试剂/试剂盒，应按照其说明书规定的反应体系和反应条件进行操作。

7.4.2 RT-PCR 反应体系及反应参数分别参见附录 A.2 和 A.3。

7.4.3 实验结束后，根据收集的荧光曲线和 Ct 值判定结果。必要时可选用其他方法验证。

8　结果判定

8.1　结果分析和条件设定

读取检测结果，基线和阈值设定原则根据仪器的噪声情况进行调整。

8.2　质控标准

空白对照无 Ct 值，并且无荧光扩增曲线，一直为水平线。

阴性对照无 Ct 值，并且无荧光扩增曲线，一直为水平线。

阳性对照 Ct 值应<35，并且有明显的荧光扩增曲线，则表明反应体系运行正常，否则此次试验无效，需重新进行实时荧光 PCR 扩增。

阳性对照品应包括正痘病毒属等全病毒核酸，或靶标基因核酸序列。

8.3　判定方法

质控成立条件下，若待检测样本无荧光扩增曲线，则判定样本猴痘病毒核酸检测阴性。

质控成立条件下，若待检测样本有荧光扩增曲线，且 Ct 值应<35 时，则判断样本猴痘病毒核酸检测阳性。

质控成立条件下，若待检测样本 Ct 值介于 35 和 40 之间时，应重新进行实时荧光 PCR 检测。重新检测后，若 Ct 值≥40 时，则判定样本未检出猴痘病毒核酸。重新检测后的 Ct 值仍介于 35 和 40 之间，则判定样本猴痘病毒核酸可疑阳性。

8.4　序列测定

必要时，可取待检样本扩增出的阳性 PCR 产物进行核酸序列测定，确定是否为猴痘病毒核酸阳性。与目标序列一致性达到 95% 以上可判定为阳性；低于 95%，可比对识别是否为其他病原，确认后，判定为猴痘病毒阴性。

在判定程序上，*Orthopoxvirus* 通用引物检测阳性，且经 *Monkeypox virus* 特异引物（1）或（2）确认可判定猴痘病毒阳性。

8.5　结果报告

凡符合上述检测结果者出具阳性报告，不符合者出具阴性报告。

附 录 A

（资料性附录）

PCR 检测中引物设计和反应程序

A.1 引物扩增区序列

Orthopoxvirus 通用引物扩增序列在参考基因组中的对应序列：

>NC_003310.1:54678-54773 Monkeypox virus Zaire-96-I-16，complete genomeTAGAG CACTATTTCTAAATCCCATCAGACCATATACTGAGTTGGCTACTATCTTGTACGTATA TTGCATGGAATCATAGATGGCCTTTTCAGTTGA

其他引物扩增区对应位置见表 A.1。

表 A.1　扩增区在参考序列中的位置

扩增引物组名称	NC_003310.1 中对应位置
Monkeypox virus 特异引物（1）	165690-165772
Monkeypox virus 特异引物（2）	194160-194249
Monkeypox virus 西非株分型引物	194550-194631
Monkeypox virus 刚果株分型引物	19458-19557

A.2 荧光 RT-PCR 反应体系

荧光 RT-PCR 反应体系配制参数见表 A.2。

表 A.2　荧光 RT-PCR 反应体系配制表

反应组分	用量/μL	终浓度
2×RT-PCR Mix	10	1×
正向引物 （10 μmol/L）	1	500 nmol/L
反向引物 （10 μmol/L）	1	500 nmol/L
探针（5 μmol/L）	1	250 nmol/L
样品 DNA	5	
去离子水	7	

A.3 荧光 RT-PCR 反应参数

荧光 RT-PCR 反应参数见表 A.3。

表 A.3　荧光 RT-PCR 反应参数表

步骤	温度	时间	采集荧光信号	循环数
预变性	95℃	30 s	否	1

步骤	温度	时间	采集荧光信号	循环数
变性	95℃	5 s	否	40
退火，延伸	60℃	34 s	是	

参 考 文 献

Li Y, Olson VA, Laue T, Laker MT, Damon IK. 2006. Detection of monkeypox virus with real-time PCR assays. Journal of Clinical Virology, 36: 194-203.

Li Y, Zhao H, Wilkins K, Hughes C, Damon IK. 2010. Real-time PCR assays for the specific detection of monkeypox virus West African and Congo Basin strain DNA. Journal of Virological Methods, 169 (1): 223-227.